# 즐거운 R 코딩,
# 풀리는
# R Commander
# 확률 통계

—— 김준우

박영사

이명혜 마리아 막달레나 靈前에 이 책을 바칩니다.


One Art

Elizabeth Bishop

The art of losing isn't hard to master;
so many things seem filled with the intent
to be lost that their loss is no disaster.

Lose something every day.
Accept the fluster of lost door keys,
the hour badly spent.
The art of losing isn't hard to master.

Then practice losing farther,
losing faster: places, and names,
and where it was you meant to travel.
None of these will bring disaster.

...

Even losing you (the joking voice, a gesture I love) I shan't have
lied.
It's evident the art of losing's not too hard to master though
it may look like (Write it!) like disaster.

# 서문

이 책 목차만 보아도, R과 확률통계 둘 다 이해가 꽤나 된다. 목차만 보아도 공부가 되는 것은, 그렇게 설계되었기 때문이다. 문과생 대상 수업을 통한 진화 결과물이 이 책이다.

중요한 것은 수업방식이다. 의욕이 가득한 학생들이 자유롭게 질문하고 실습하다 보면, 잡다한 것을 접고 본질로 나아간다. 그래서 기본 단위 벡터vector 그 실질적 작동을 반복적으로 다룬다. 단위가 하나 하나의 숫자나 문자가 아니기에, 벡터 계산에서 재활용recycling 현상이 일어난다.

더 쉽게도 진화가 이루어진다. R 코딩에서 함수function 이해가 중요하다. 이해하려면 이름 원래 의미를 알아야 한다. 영어 단어 뜻과 발음, 때로는 어원도 설명한다. 흔히들 영어로 쭉 적고 그대로 코딩하라는 얘기을 한다. 『영어재미붙이기: 어원과 동사』, 『어원+어원=영단어』 두 권을 추천한다. 마음에 여유가 없으면, 『어원+어원=영단어』 부록 '앞에 붙는 어원'을 읽어보자.

수업에서 늘 대화형 언어라는 R 특징을 활용한다. 벡터 구성요소를 매번 보여준다. 책 분량이 길어지지만, 이해는 쉬워진다. 함수 세부사항도 생략하지 않고 보여준다.

수업에서의 이런 저런 과정을 그대로 담아두는 것도, 하나의 진화이다. 모로 가도 서울만 가면 된다고 코딩하는 사람들은 이야기한다. 중위수 미만 평균 만들기 같은 수업 실습 내용을, 책에서는 그대로 담고 있다.

이 책은 혼자서 해도 재미를 붙일 수 있다. 수업에서와 마찬가지로, 하루 10분씩 교재 내용을 컴퓨터 실습하자.

책 내용 구성이 특별하다는 것을 강조하고 싶다. R 언어와 확률통계를 연결한다. 특히나 손쉬운 프로그램인 R Commander를 연결시킨다.

이런 접근으로 통찰적 이해가 가능하다. 요인factor 개념에서 이러한 점이 잘 드러난다. 백과사전식 설명을 하지 않는다. 책 전반에서 먼저 측정수준을 전체를 연결하는 고리로서 진행한다. 이런 식으로 숫자가 가지는 의미 차이에서 요인이 나온다는 것을 드러낸다. 그리고는 R Commander 실습을 통해 요인이라는 것이 실체가 있다는 것을 보여준다. R 코딩에서의 요인 만들기 실습을 해보면서 자신감을 가진다.

이러한 지향은 앞으로 나아갈 발판도 제공한다. R 코딩과 확률통계 공부는, 인공지능 한 분야인 머신러닝machine learning 공부의 기초이다. 조건부 확률은 머신러닝으로 나아가는 중요한 기초인 것 같아, 그 원리를 자세히 풀어 설명한다.

사실 책 전체에서 수학 기초를 다루고 있다. 수학에 재미를 붙여야, 코딩 실력이 쭉 나아갈 수 있다. 단순히 R 삼각함수 명령어를 다루지 않고, R 각도 단위인 라디안radian 설명을 한다. 행렬 곱셈도 일단 이해되게 얘기한다. 확률 개념에 대해서도 그래서 더 쉽고 상세하게 풀어 놓는다. 이 정도 수학만 알아도, 수학 때문에 코딩 못 한다는 공포는 일단 접어둘 수 있다.

이 책 그리고 『즐거운 SPSS 풀리는 통계학』, 이 두 권은 상호보완적이다. 즐거운 SPSS에서 이미 충분히 설명이 된 부분에 대해서는, 이 책에서는 다른 각도에서 간단히 설명한다. 이 책에서는 확률 부분이 더 보강되고, R 코딩을 통한 시뮬레이션에 집중한다.

이쯤에서 R 코딩과 R Commander 차이를 궁금해 할 수 있다. 흔히 이야기하는 버스와 자가용 비유로 이해할 수 있다. 몇 개의 주어진 통계분석을 반복적으로 쓰려고 하면, R Commander를 먼저 배우면 된다. 버스 노선을 이용하는 셈이다. 편하고 쉽다는 장점이 있다.

R 코딩을 익히면 더 좋다. 버스가 가지 않는 곳을 내가 내 차로 갈 수 있다. 교재에 나오는 중위수 미만 평균이 하나의 예이다. 만약 각국 소득을 이 새 지표로 측정한다면, 평균이나 중위수 값과는 다르게, 잘난 구석이 별로 없는 평범한 사람의 현실에 더 가까운 숫자가 나타날 것이다.

책을 끝내는 이 시점에서는, 어머니 간병해주신 이무순 이모와 기도해주신 최상준 유스티노 신부님이 먼저 생각난다. 아주대 경제학과 김동근 교수님은 조건부 확률 장을 읽어 주셨다. 같은 사회대에서 챙겨주신 이정록 교수님과 김용철 교수님, 문화전문대학원에서 같이 고생한 조인숙 김동문 선생님, 부산연구원 시절부터 도와주신 금성근 황영우 박사님에게 감사드린다. 고마움을 고향친구(구진만, 김중모, 박재영, 신현덕, 안준모, 유영준, 정우철, 정유인)에게 전한다.

마지막으로 초판이 나오기까지 적극적으로 지원해주신 박영사의 안종만·안상준 대표님, 기획을 적극적으로 추진해주신 박부하·이후근 님, 편집을 진행해주신 탁종민 님께 감사의 마음을 전한다.

2023년 저자

# 목차

구글에서 r 검색하면 바로 나온다.

## Google     r

🔍 전체    📍 지도    🖼 이미지    🏷 쇼핑    ▶ 동영상

검색결과 약 25,270,000,000개 (0.45초)

https://www.r-project.org ▼ 이 페이지 번역하기

# The R Project for Statistical Computing

왼쪽 위 CRAN 누른다.

🔒 r-project.org

**The R Proj**
**Statistical**

[Home]

**Download**

CRAN

## Getting Started

R is a free software environ
graphics. It compiles and ru

0-Cloud   https://cloud.r-project.org/ 선택하면, 알아서 가까운 미러사이트 연결시킨다.

CRAN Mirrors

The Comprehensive R Archive Network is available at the following URLs, please choose a location close to you. Some statistics on the status of the mirrors can be found here: main page, windows release, windows old release.

If you want to host a new mirror at your institution, please have a look at the CRAN Mirror HOWTO.

0-Cloud

    https://cloud.r-project.org/      Automatic redirection to servers worldwide, currently sponsored by Rstudio

Argentina

    http://mirror.fcaglp.unlp.edu.ar/CRAN/ Universidad Nacional de La Plata

Australia

Download R for Windows 선택한다.

The Comprehensive R Archive Network

Download and Install R

Precompiled binary distributions of the base system and contributed packages, **Windows and Mac** users mc

- Download R for Linux (Debian, Fedora/Redhat, Ubuntu)
- Download R for macOS
- Download R for Windows

R is part of many Linux distributions, you should check with your Linux package management system in addi

base 누른다.

R for Windows

Subdirectories:

base                         Binaries for base distribution. This is what you want to **install R for the first time**.

나오는 버전이 최신이니, 그냥 선택한다.

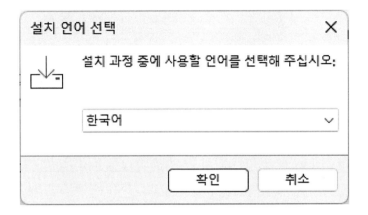

언어는 한국어 선택한다.

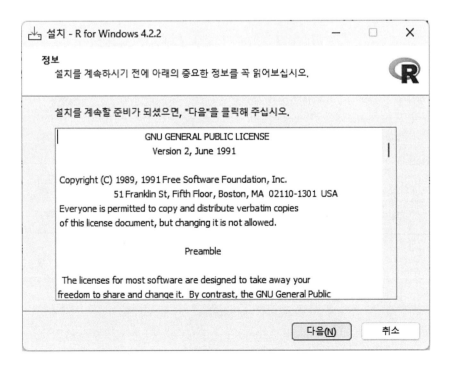

여기서 주의할 점이 있다! 경로나 폴더에 한글이 있으면 안 된다. 그래서 일단 그대로 진행하는 것이 좋다.

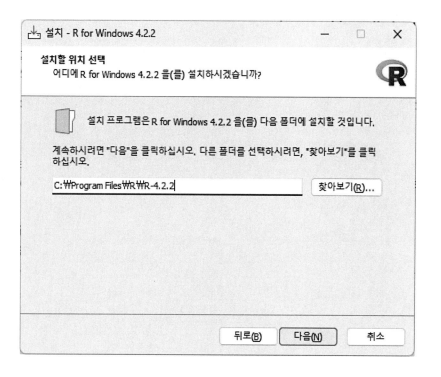

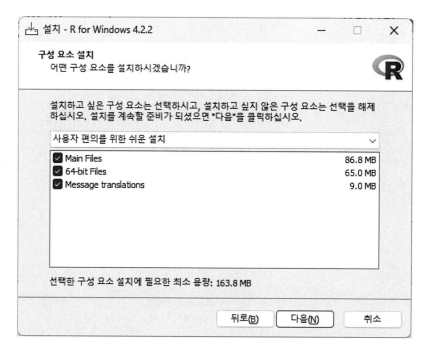

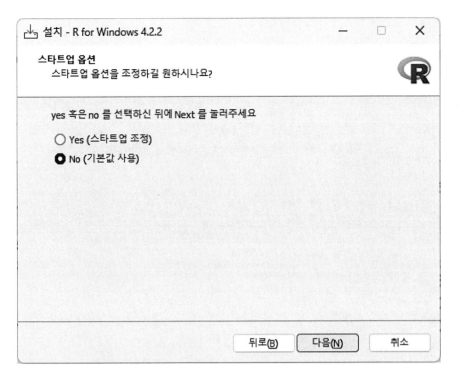

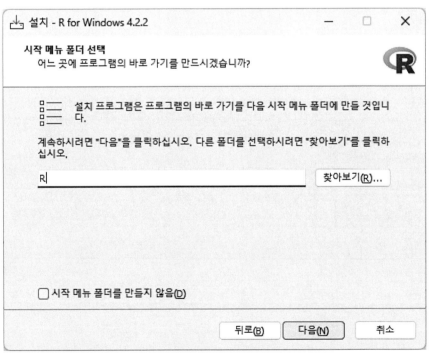

바탕화면에 아이콘 생성 그대로 놔두면 편하다.

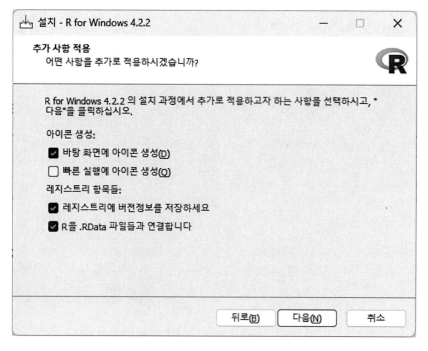

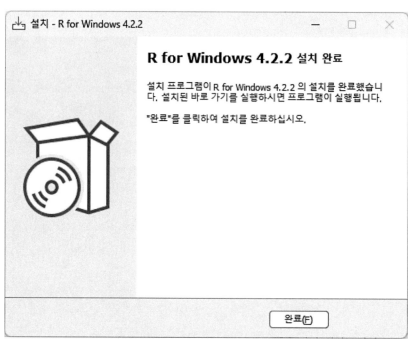

바탕화면에 새로 설치된 아이콘을 눌러 R을 열다. 왼쪽에 Gui 글자가 있다. graphical user interface 이다. 마우스를 쓰고 메뉴를 선택한다는 의미이다.

그 밑 R 콘솔console 부분은 그렇지 않다. 옛날 영화에서 해커가 단말기 두드리면서 명령어를 실행시키는 느낌이다. console[kɔ́nsoul] 단어는 작동시키는 장치를 의미한다.

R 종료한다.

작업공간 이미지 저장여부는 **아니요(N)** 선택한다. 이유는 R Studio 얘기할 때 설명한다.

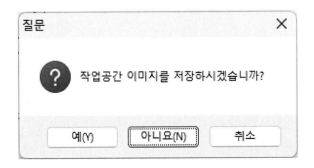

## 2 | 명령문 실행하는 R 콘솔을 계산기로 써보기

R 콘솔console 시작하면, 화면에 〉표시가 나온다. 프롬트prompt[prɑːmpt] 라고 불린다.

할 일을 입력하면 실행할 준비가 되어 있으니, 여기에 입력하고 엔터키를 눌러라는 의미이다.

계산기처럼 써본다.

2 곱하기 3 해본다. 곱하기 기호 대신에 자판에 있는 * 누른다. 결과로서 6 나온다.

```
〉2 * 3
[1] 6
```

이번에는 2 * 까지만 입력하고 엔터키를 눌러본다. 그러면 + 기호가 다음 줄에 나타난다.

입력이 아직 제대로 끝나지 않았으니, 계속하라는 이야기이다. 기호 + 원래 의미 그대로 더 진행하라는 이야기이다.

이렇게 콘솔 작동은 대화로 진행된다.

```
〉2 *
+
```

여기서 계속 입력하고 엔터 누르면 된다.

```
〉2 *
+ 3
[1] 6
```

중간에 그만두고 싶으면, 자판 왼쪽 위 esp 누른다.

```
> 2 *
+ >
```

이런 저런 계산을 조금 더 해보자! 아까 곱하기 기호처럼 수학기호와 R 계산 기호는 조금 다른 경우도 몇 개 있다.

숫자 2를 세 번 곱하는 $2^3$해본다. 지수 ^ 누른다.

```
> 2 ^ 3
[1] 8
```

숫자 2를 세 번 곱하는 계산에서, ** 역시 가능하다.

```
> 2 ** 3
[1] 8
```

원주율은 pi 이다.

```
> pi
[1] 3.141593
```

```
> pi * 2
[1] 6.283185
```

나누기는 / 이다.

```
> 15 / 3
[1] 5
```

몫은 %/% 이다. /에서 앞뒤로 %가 붙었다. 10을 2로 나누고 또 11을 2로 나누었을 때, 둘 다 몫은 5이다.

```
> 10 %/% 2
[1] 5
> 11 %/% 2
[1] 5
```

코딩에서 중요한 조건문에서는 몫 보다는 나머지가 더 흔히 사용된다. 짝수인지 홀수인지를 구분할 수 있기 때문이다.

나머지 기호는 %% 이다. 나머지가 1이면 홀수이다. 0이면 짝수이다.

```
> 10 %% 2
[1] 0
> 11 %% 2
[1] 1
```

무한대 Inf 그리고 값이 존재하지 않음 NaN 두 가지도 알아두자!

무한대infinity[infínəti] = in(not) + finity(end) 이다. Not a Number 줄임말이 NaN 이다.

```
> 1 / 0
[1] Inf
> 0 / 0
[1] NaN
```

<br>

**3**    **최소단위 벡터vector 그리고 구성요소 묶는 c 함수**

R 사용에서 가장 작은 단위는 벡터이다. 하나의 값 역시 벡터이다. 구성요소 하나짜리 벡터이다.

1 하나만 있는 경우와 1, 2 두 숫자를 가지고 있는 경우, 종류를 확인해보기

위한 class 함수를 적용해보면 동일하게 "numeric"이라고 나온다. 숫자 벡터라는 의미이다.

```
> vector <- 1
> class(vector)
[1]  "numeric"


> vector <- c(1, 2)
> class(vector)
[1]  "numeric"
```

여기 나오는 c 함수는 자주 쓰인다. 결합하다combine 의미이다. 구성요소를 묶어 결합시킨다.

1 이나 1 2 같은 구성요소를 어떤 벡터에 지정할 때, <- 기호가 쓰인다.

예를 들어본다. 수학math 영어english 두 이름에 c 활용해 각각 성적 점수를 지정한다

```
> math <- c(100, 50, 50)
> math
[1] 100   50   50


> english <- c(50, 100, 50)
> english
[1]   50 100   50
```

구성요소가 아니라, c 함수는 여러개 벡터를 하나로 묶기도 한다.

```
> x <- c(1, 2, 3)
> y <- c(4, 5, 6)
> z <- c(7, 8, 9, 10)
```

```
> xyz <- c(x, y, z)
> xyz
[1]  1  2  3  4  5  6  7  8  9 10
```

## 4  1:5 하면 1 간격으로 이렇게 1 2 3 4 5

기호 : 경우는, 콜론colon[kóulən] 이라 불린다. 시작숫자 : 마지막숫자 하면, 시작숫자부터 1 간격으로 쭉 늘어놓아진다.

부호지만 실질적으로는 함수 기능을 한다. 앞으로 설명할 seq 함수와 동일한 효과를 낸다.

```
> fivenine <- 5:9
> fivenine
[1] 5 6 7 8 9
```

```
> fiveninesq <- seq(from=5, to=9, by=1)
> fiveninesq
[1] 5 6 7 8 9
```

그래서 굳이 c 함수를 추가적으로 쓸 필요가 없다. 동일한 결과가 나오지만, 불필요한 중복이다.

```
> n1 <- 1:3
> n1
[1] 1 2 3
```

```
> n2 <- c(1:3)
> n2
[1] 1 2 3
```

: 활용해서 나오는 숫자를 줄어들게도 한다.

```
> n3 <- 2:-2
> n3
[1]  2  1  0 -1 -2
```

소수점 있는 숫자도 1 간격으로 작동시킨다.

```
> n4 <- 0.5:7.5
> n4
[1] 0.5 1.5 2.5 3.5 4.5 5.5 6.5 7.5
```

## 5  문자 벡터 구성요소에 "" 없으면 R이 객체를 찾는다

문자 벡터도 있다. 따옴표를 사용한다.

```
> name <- c("Jane",  "Tom")
> name
[1] "Jane"    "Tom"
```

문자 벡터 구성요소에 따옴표를 사용하지 않으면, 오류가 뜬다. 객체object 찾
을 수 없다는 표현이 나온다.

Jane 이라는 따옴표 없는 글자는, R이 생각하기에는 이런 저런 숫자와 같은
구성요소를 담고 있는 어떤 무엇이라고 생각한다.

이런 무엇이 객체이다. 여기서는 R이 찾는 객체가 벡터이다. 한데 이런 의미의
Jane 찾기가 불가능하니, 오류로 처리한다.

```
> name <- c(Jane, Tom)
```
**에러: 객체 'Jane'를 찾을 수 없습니다.**

Jane 이름에 구성요소를 지정해주면 다르게 반응한다. Jane에 대해서는 물어 보지 않는다. 대신 Tom에 대해 물어본다.

```
> Jane <- 1:10
> Jane
[1]  1  2  3  4  5  6  7  8  9 10
```

```
> name <- c(Jane, Tom)
에러: 객체 'Tom'를 찾을 수 없습니다
```

이번에는 Tom 역시 지정해준다.

```
> Tom <- 11:13
> Tom
[1] 11 12 13
```

이러면 해결된다.

```
> name <- c(Jane, Tom)
> name
 [1]  1  2  3  4  5  6  7  8  9 10 11 12 13
```

하나 주의할 점이 있다.

벡터의 구성요소는 동일한 성격의 구성요소를 가져야 한다. 숫자 벡터는 숫자 만, 문자 벡터는 문자만 구성요소로 삼아야 한다.

다른 종류가 있으면, R이 강제적으로 알아서 하나로 통일시켜 버린다.

```
> what <- c(9,  "Tom")
> what
[1]  "9"     "Tom"
```

```
> class(what)
[1]  "character"
```

## 6 벡터가 최소단위라서 재활용recycling

벡터는 R 최소 단위이다. 2라는 숫자는 2라는 하나만의 구성요소를 가진 벡터이다.

R 계산은 벡터와 벡터 계산이다. 따라서 계산되는 벡터 구성요소를 R이 알아서 맞춘다. 또 써야 할 구성요소가 있으면, 알아서 또 쓴다.

x 벡터에는 10개 구성요소가 있다. y 벡터는 1개 뿐이다. 한데 두 벡터의 더하기 계산이 유효하게 나온다.

```
> x <- 1:10
> x
[1]  1  2  3  4  5  6  7  8  9 10

> y <- 1
> y
[1] 1

> x + y
[1]  2  3  4  5  6  7  8  9 10 11
```

실제 계산이 이루어지는 그 찰나에는 구성요소 1개인 벡터가 10개로 바뀐 것이다.

벡터 y 구성요소가 1 하나가 아니라 1 1 1 1 1 1 1 1 1 1 로서, 그 순간에는 계산된다.

재활용recycling 이라는 R 작동방식이다. 벡터가 최소단위라는 것을 인식해야

만 이해가 된다.

왜 계산이 이루어지는 순간의 재활용일까?

계산을 끝내고 다시 x 벡터를 입력하면, 원래 그대로의 값 1 하나가 나온다.

```
> x <- 1:10
> y <- 1

> x+y
 [1]  2  3  4  5  6  7  8  9 10 11

> y
[1] 1
```

실제 계산이 이루어지는 그 한순간에 이루어지는 과정은 다음과 동일한 것이다.

```
> x <- 1:10
> x
[1]  1  2  3  4  5  6  7  8  9 10

> y <- c(1, 1, 1, 1, 1, 1, 1, 1, 1, 1)
> y
[1] 1 1 1 1 1 1 1 1 1 1

> x + y
[1]  2  3  4  5  6  7  8  9 10 11
```

이번에는 y 벡터가 1과 2로 이루어진 경우이다.

앞서 1 하나만의 구성요소를 가졌을 때와 비슷하게 작동한다. 최소단위 벡터끼리 계산을 기본으로 생각하는 R이, 빠진 구성요소를 자동으로 채워 넣는다.

이 계산에도 재활용은 순간에만 이루어진다. 원래 벡터는 그대로 존재한다는 점이다. 물론 계산된 값을 하나의 벡터로 지정하면 계산된 값은 재활용을 활용한 상태로 남는다. y 벡터는 원래 값대로 1, 2 만을 가진다.

```
> x <- 1:10

> y <- c(1, 2)

> x + y
[1]  2  4  4  6  6  8  8 10 10 12

> y
[1] 1 2
```

주의할 점은 있다.

x+y 계산 결과를 하나의 벡터로 지정한 새 벡터 z 경우는 또 다른 얘기이다. 그 구성요소는 재활용 순간의 과정이 그대로 반영된 10개의 모든 값을 그대로 가진다.

```
> z <- x + y
> z
 [1]  2  4  4  6  6  8  8 10 10 12
```

여기까지 하고 나면, 자연스러운 질분이 나온다! 이런 식으로 자연스럽게 재활용해서 채워 넣을 때 숫자가 맞지 않으면 어떨까?

R 반응이 재미있다! 할 수 있는 데까지 하고 경고를 내보낸다.

```
> x <- 1:10
> y <- c(1, 2, 3)

> x
[1]  1  2  3  4  5  6  7  8  9 10
```

```
> x + y
[1]  2  4  6  5  7  9  8 10 12 11
```
경고메시지(들):
x + y에서: 두 객체의 길이가 서로 배수관계에 있지 않습니다

계산과정을 저자가 제시하면 다음과 같다.

$$1\ 2\ 3\ 4\ 5\ 6\ 7\ 8\ 9\ 10$$

$$+\ \boxed{1\ 2\ 3}\ \boxed{1\ 2\ 3}\ \boxed{1\ 2\ 3}\ \boxed{1}$$

$$----------------$$

$$=\ 2\ 4\ 6\ 5\ 7\ 9\ 8\ 10\ 12\ 11$$

마찬가지로 재활용은 한순간에 그친다. 계산이 끝난 후 y 구성요소는 세 개 뿐이다.

```
> y
[1] 1 2 3
```

그렇다면 이러한 벡터 특성은 어떤 경우에 유용하게 쓰일까? 1에서 50까지의 숫자가 있는데 짝수는 음수로 만들고 싶은 경우이다.

```
> onetofifty <- c(1:50)
> plusminus <- c(1, -1)

> outcome <- onetofifty * plusminus
> outcome
[1]  1  -2   3  -4   5  -6   7  -8   9 -10  11  -12  13 -14  15 -16
```

18

17  -18

　[19]  19 -20  21 -22  23 -24  25 -26 27 -28 29 -30  31 -32  33
-34  35 -36

　[37]  37 -38  39 -40  41 -42  43 -44  45 -46  47 -48  49 -50


## 7  맞다TRUE 아니다FALSE 논리 벡터

　논리 벡터도 있다. 맞다TRUE 아니다FALSE 두 가지로 구성된다. 발음은
true[truː] false[fɔːls] 이다.

　계산에서 맞고 틀림을 의미하기도 한다. 해보면 나온다!


〉2 〈 4

[1] TRUE


〉2 〉 4

[1] FALSE


R에서 등호는 == 이다.


〉2 == 4

[1] FALSE


〉2 == 2

[1] TRUE


　주의할 점이 있다. = 표현은 R에서 다른 의미이다. 지정하다는 의미의 〈- 와
동일하다.

　등호처럼 실제 적용하면, 논리값이 안 나온다. 대신 오류가 뜬다.

> 2 = 2

2 = 2에서 다음과 같은 에러가 발생했습니다:대입에 유효하지 않은 (do_set) 좌변입니다

R 비교 기호이다.

| == | 같다 |
| != | 같지 않다 |
| > | 왼쪽이 오른쪽보다 크다 |
| < | 오른쪽이 왼쪽보다 크다 |
| >= | 왼쪽이 오른쪽보다 크거나 같다 |
| <= | 오른쪽이 왼쪽보다 크거나 같다 |

논리값 부호를 하나 하나 적어넣으면 지겨운 작업이 된다. 그래서 보통 계산해서 논리 벡터 만든다. 이런 식이다.

> math <- c(100, 50, 50)

> mathwizard <- math > 90

> mathwizard
[1]  TRUE FALSE FALSE

논리 벡터 역시 논리라는 한 가지 종류만 구성요소로 사용해야 한다. 그러지 않으면 R이 그냥 스스로 판단해서 멋대로 바꾸어 버린다.

> mix <- c(1, TRUE, "sowhat")
> mix
[1]  "1"        "TRUE"       "sowhat"

TRUE FALSE 각각은 1 0 으로 바뀌기도 한다.

```
> mix2 <- c(1, TRUE, 0, FALSE, FALSE, 0)
> mix2
[1] 1 1 0 0 0 0
```

## 8  그리고& 혹은| 아니다!

논리기호 & | ! 이다. 이 셋은 대응하는 벡터 구성요소 하나하나에 작동한다.

| | | |
|---|---|---|
| & | 그리고 | and |
| \| | 혹은 | or |
| ! | 아니다 | not |

x 벡터 구성요소 1 2 3 그리고 y 벡터 구성요소 3 2 1 각각을 하나 하나 비교해서 논리값을 내어놓는다.

```
> x <- c(1, 2, 3)
> y <- c(3, 2, 1)

> x >= y
[1] FALSE  TRUE  TRUE

> x == y
[1] FALSE  TRUE FALSE
```

두 번째 구성요소가 유일한 TRUE 이다. 둘 다 TRUE여야 TRUE가 나온다. & 이기 때문이다.

```
> (x >= y) & (x == y)
[1] FALSE  TRUE FALSE
```

두 번째 세 번째 둘 다 TRUE 이다. 기호가 | 이라서, TRUE FALSE 경우도 TRUE 가 된다.

> (x >= y) | (x == y)
[1] FALSE  TRUE  TRUE

! 기호가 들어온다. FALSE  TRUE  TRUE에서 TRUE FALSE FALSE로 바뀐다.

> ! (x >= y)
[1]  TRUE FALSE FALSE

다시 처음부터 천천히 설명한다.

x >= y 즉 x값이 y값보다 같거나 큰지를 물어보니, x 벡터의 첫 번째 구성요소 1을 y 벡터 구성요소 첫 번째인 3과 비교하는 것부터 시작한다. 그리고 두 번째 세 번째까지 하나 하나 다 비교해서 답을 제출한다.

    1 >= 3          FALSE
    2 >= 2          TRUE
    3 >= 1          TRUE

x == y 즉 x값과 y값이 같은지를 물어보면, 다음과 같다.

    1 == 3          FALSE
    2 == 2          TRUE
    3 == 1          FALSE

조건문 두 개의 논리값 조합을 통해서 논리값이 나오기도 한다. (x >= y) & (x == y) 경우이다.

    1 >= 3 FALSE     1 == 3 FALSE      FALSE & FALSE      FALSE
    2 >= 2 TRUE      2 == 2 TRUE       TRUE & TRUE        TRUE

3 >= 1 TRUE     3 == 1 FALSE     TRUE & FALSE     FALSE

(x >= y) | (x == y) 이다. and or 차이를 주의하자.

1 >= 3 FALSE     1 == 3 FALSE     FALSE | FALSE     FALSE
2 >= 2 TRUE      2 == 2 TRUE      TRUE | TRUE       TRUE
3 >= 1 TRUE      3 == 1 FALSE     TRUE | FALSE      TRUE

맨 마지막 부정 경우는 단순하다.

1 >= 3 FALSE          ! (1 >= 3) TRUE
2 >= 2 TRUE           ! (2 >= 2) FALSE
3 >= 1 TRUE           ! (3 >= 1) FALSE

참고로 이 책에서는 잘 다루지 않는 논리기호도 있다. && || 둘 이다. 의미는 앞서 나온 논리기호와 동일한 경우에도, 한계가 있다.

&&          그리고          and
||          혹은            or

다음 논리값 계산에서는 두 논리기호가 아무 문제가 없다.
30 20 비교해 계산결과가 하나의 논리값으로 강제coercion 될 때는 괜찮다. 정상적으로 TRUE 혹은 FALSE 값이 나온다.

> a <- 30
> b <- 20

> (a > b) && (a == b)
[1] FALSE

```
> (a > b) || (a == b)
[1] TRUE
```

한데 벡터를 다룰 수 없다.

다음 실습에서는, 두 벡터의 첫 번째 구성요소인 30과 20만 비교해서 논리값을 내고는 오류를 낸다.

```
> a <- c(30, 100)
> b <- c(20, 100)
```

```
> (a > b) && (a == b)
[1] FALSE
경고메시지(들):
(a > b) && (a == b)에서: 'length(x) = 2 > 1' in coercion to 'logical(1)'
```

```
> (a > b) || (a == b)
[1] TRUE
경고메시지(들):
(a > b) || (a == b)에서: 'length(x) = 2 > 1' in coercion to 'logical(1)'
```

폴 티터 책 2장 14절 '흔히 하는 실수' 61-62쪽에서도 && || 기호의 한계를 얘기한다. 논리 벡터 비교에 사용하면 벡터 첫째 구성요소만 처리하고 끝내는 결과가 나온다고 주의를 촉구한다.

J. D. 롱, 폴 티터 지음. 2019(2021) 『R Cookbook 2판: 데이터 분석과 통계, 그래픽스를 위한 실전 예제』 이제원 옮김. 프로그래밍인사이트.

이번에는 any all 함수를 알아본다.

각각 벡터에서 TRUE가 하나라도 있는지 아니면 전부 TRUE 인지를 본다.

효율적 시각화를 위해, 나오는 과정에서의 논리 벡터를 지정한다.

```
> x <- c(1, 2, 3)
> y <- c(5, 4, 3)
> z <- c(10, 10, 10)

> bigx <- (y < x)
> bigx
[1] FALSE FALSE FALSE

> any(bigx)
[1] FALSE
> all(bigx)
[1] FALSE

> bigy <- (y > x)
> bigy
[1]  TRUE  TRUE FALSE

> any(bigy)
[1] TRUE

> all(bigy)
[1] FALSE

> bigz <- (z > y)
> bigz
[1] TRUE TRUE TRUE

> any(bigz)
[1] TRUE
```

```
> all(bigz)
[1] TRUE
```

괄호 안에 벡터 대신 수식을 넣어도, 결과는 동일하다.

```
> any(bigx)
[1] FALSE
```

```
> any(y < x)
[1] FALSE
```

## 9   ==대신 = 쓰면 보통은 벡터가 지정된다

방금 한 논리값 실습에서 조금 응용해보자! == 대신 = 를 쓰고 어떻게 되는지를 보자!

```
> x <- c(1, 2, 3)
> y <- c(5, 4, 3)

> x == y
[1] FALSE FALSE  TRUE

> x
[1] 1 2 3

> y
[1] 5 4 3
```

== 대신 = 써본다.

x2 = y2라고 쓰는 순간, = 는 현재 y2 벡터를 x2라는 이름으로 지정한다. x2

<- y2 의미가 되어 버린다.

x2 벡터 구성요소는 1 2 3 이었다. 이 세 개가 갑자기 5 4 3 으로 바뀐다.

> x2 <- c(1, 2, 3)
> y2 <- c(5, 4, 3)

> x2 = y2

> x2
[1] 5 4 3

> y2
[1] 5 4 3

## 10 벡터 구성요소 가져오는 대괄호 []

: 활용해 벡터 구성 값을 30까지로 늘린다.

> s <- 1:30
> s
[1]  1  2  3  4  5  6  7  8  9 10 11 12 13 14 15 16 17 18 19 20
21 22 23 24
[25] 25 26 27 28 29 30

이렇게 s를 입력하고 엔터키를 치면 나오는 출력에서, 대괄호 [] 의미를 알 수 있다.

첫 줄 시작이 [1] 이다. s 벡터 첫 번째 구성요소라는 의미이다.

두 번째 줄은 [25]로 시작한다. 25번째 구성요소인 25라는 숫자로 시작한다.

그래서 벡터의 구성요소를 불러낼 때도 대괄호 [] 사용한다.

```
> s[25]
[1] 25
```

[] 사용할 때 : 부호도 활용 가능하다.

```
> s[30:20]
[1] 30 29 28 27 26 25 24 23 22 21 20
```

c 함수 역시 사용 가능하다.

```
> s[c(5, 7, 9)]
[1] 5 7 9
```

조건식을 써서 값을 찾는 것도 가능하다. 이 경우에 숫자는 숫자이다. 순서를 의미하지 않는다.
새로운 벡터 x를 설정하고 실습해보자!

```
> x
[1]   10  20  30  40  50  60  70  80  90 100
```

숫자가 50인 값을 찾는다.

```
> x[x == 50]
[1] 50
```

50이 아닌 값을 전부 선택한다.

```
> x[x != 50]
[1]   10  20  30  40  60  70  80  90 100
```

90 이상 값을 선택한다.

> x[x >= 90]
[1]  90 100

가져온다는 것은 바꿀 수도 있다는 것을 의미한다. 그냥 값을 지정해주면 된다. 다시 s 벡터로 돌아온다.

> s[c(5, 10, 15, 20:30)] <- 0
> s
[1] 1  2  3  4  0  6  7  8  9  0 11 12 13 14  0 16 17 18 19  0 0 0 0 0
[25] 0 0 0 0 0 0

이제 두 번째 줄 시작하는 [25] 바로 옆 즉 25번째 구성요소는 0으로 바뀌었다.

<br>

**11**   **제곱근sqrt 절대값abs 반올림round 올림ceiling 내림floor 소수버림trunc**

계산 관련 함수를 살펴본다. 먼저 sqrt 함수이다.
제곱근square root 줄임말이다. 제곱square[skwɛər] 뿌리root[ruːt] 두 개가 합쳐졌다.
무엇을 제곱하면 25가 되는지 알아본다. $\sqrt{25}$ 계산이다.

> sqrt(25)
[1] 5

sqrt 함수에 음수를 넣으면 오류가 난다. 제곱해서 음수가 나오는 값이 없기 때문이다. NaN 의미는 Not a Number 이다.

```
> sqrt(-25)
[1] NaN
경고메시지(들):
sqrt(-25)에서: NaN이 생성되었습니다
```

절대값 함수는 abs 이다. 절대값absolute[ǽbsəlùːt] value 줄임말이다. 양수는 그대로 두고, 음수는 양수로 바꾼다.

```
> abs(-25)
[1] 25
```

```
> abs(25)
[1] 25
```

실생활에서 우리는 늘 숫자를 다루기 때문에, 숫자 정리하는 함수도 많다. 예를 들어, 계산할 때 보통 일의 자리 숫자는 버림으로 처리한다. 1234원 경우에 보통 1230원을 낸다.

반올림round 올림floor 내림ceiling 세 가지 먼저 살펴본다.

비유를 들어보자!

자신의 방에 중력을 무시하는 물건들이 있다고 생각해보자. 지하의 방도 있고, 지상의 방도 있다. 물론 숫자로 돌아가자면, 음수 양수 이다. 하여튼 물건 정리하는 방식을 정한다.

floor 하면 바닥으로 다 떨어뜨린다. ceiling 하면 천정으로 다 올려 붙인다.

내림 올림 각각은 바닥floor[flɔːr] 천장ceiling[síːliŋ] 단어를 그대로 사용하고 있다.

이런 식으로 얘기하자면, 가장 어려운 정리 기술이 반올림이다. 방 바닥에 가까운 물건은 바닥으로 정리한다. 방 천장에 가까운 물건은 천장에 붙인다.

이 비유를 생각하면 네 숫자가 각각 처리된 결과가 이해될 것이다.

```
> p <- c(-0.9, -0.1, 0.1, 0.9)
> p
```

[1] -0.9 -0.1  0.1  0.9


〉round(p)
[1] -1  0  0  1


〉floor(p)
[1] -1 -1  0  0


〉ceiling(p)
[1] 0 0 1 1


끝을 자르다truncate[trʌŋkeit]에서 나온 trunc 함수는 잘 이해해야 한다. 잎 끝을 일자로 잘라내듯이 튀어나온 소수점 이하 자리를 없애버린다.

이렇게 하면 양수의 경우는 floor 함수처럼 작동한다. 음수의 경우는 ceiling 함수처럼 작동한다.

trunc(2.4)는 2가 되고, trunc(-2.4)는 -2로 나온다.


〉z
[1] -0.9 -0.1  0.1  0.9


-0.9 -0.1 경우에 둘 다 floor 함수에서는 -1 로 바뀐다.


〉floor(z)
[1] -1 -1  0  0


trunc 함수에서는 -0.9 -0.1 둘 다 소수점 아래를 쳐낸다. -0.0 -0.1 이 되니까 0이 되는 셈이다. 0.1 0.9 역시 끝을 쳐내니까 0이 된다.


〉trunc(rfc)
[1] 0 0 0 0

헷갈리면 그냥 소수점 버림으로 이해하자!

## 12 R에서는 은행 반올림banker's rounding 쓴다

R 반올림은 우리가 생각하는 반올림과 다르다. 은행 반올림 banker's rounding 방식이 R이 하는 반올림이다.

```
> round(1.5)
[1] 2
```

```
> round(2.5)
[1] 2
```

.5 붙은 숫자를 어떻게 하느냐의 문제이다. 가장 가까운 짝수로 바꾼다.
2.5 경우에 일반 반올림은 3으로 바꾼다. 하지만 은행 반올림은 2가 된다.
간단한 예시로 왜 은행 반올림 방식을 쓰는지 알아본다. 0.5부터 1씩 증가해서
19.5 까지의 합은 200 이다.

```
> numbers <- c(0.5:19.5)
> numbers
 [1]  0.5  1.5  2.5  3.5  4.5  5.5  6.5  7.5  8.5  9.5 10.5 11.5 12.5 13.5
[15] 14.5 15.5 16.5 17.5 18.5 19.5
```

```
> sum(numbers)
[1] 200
```

은행 반올림 합도 정확하게 200이다.

```
> rnumbers <- round(numbers)
```

```
> rnumbers
[1]  0  2  2  4  4  6  6  8  8 10 10 12 12 14 14 16 16 18 18 20
```

```
> sum(rnumbers)
[1] 200
```

usualrounding 이라는 이름으로 지정된 벡터가 우리가 보통 쓰는 반올림이다. 원래 값 각각에 0.5를 더한다.

이렇게 그냥 일상적 반올림의 문제는 합을 구해보면 알 수 있다. 원래 값의 합과 너무 큰 차이를 보인다.

모든 수에 0.5가 더해졌기 때문에, 합이 210 으로 올라간다.

이런 문제 때문에, 은행 반올림을 쓴다.

```
> usualrounding <- (numbers + 0.5)
```

```
> usualrounding
[1]  1  2  3  4  5  6  7  8  9 10 11 12 13 14 15 16 17 18 19 20
```

```
> sum(usualrounding)
[1] 210
```

모든 프로그래밍 언어의 반올림이 이런 식은 아니다. 언어마다 방식이 다르다.

## 13  R 각도는 라디안radian

R 삼각함수는 주의할 점이 있다. 일반적인 수학 계산과 마찬가지로, 흔히 우리가 쓰는 각도가 아니라 라디안radian[réidiən] 값을 입력해야 한다.

'반지름 길이에 해당하는 원둘레 길이에 해당하는 각도'를 기준으로 삼는 것이 라디안이다. 반지름 길이의 둘레 각도가, 1 라디안이다.

세 개의 그림은 위키피디아에서 가져온다.[1]

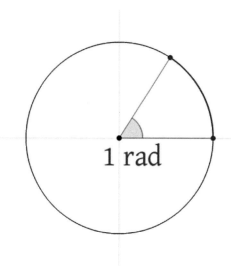

활 모양 곡선이라는 의미의 호(弧, arc)가 기준이라고, 라디안을 호도(弧度)라고도 한다.

각도가 180도인 경우 반지름 곱하기 $\pi$ 이므로, 호도법에서는 $\pi$ 이다. 각도 90도 경우는 $\frac{\pi}{2}$ 이다.

---

1) https://en.wikipedia.org/wiki/File:Circle_radians.gif
   The radian and its relation to the circle. 14 March 2013 Lucas Vieira

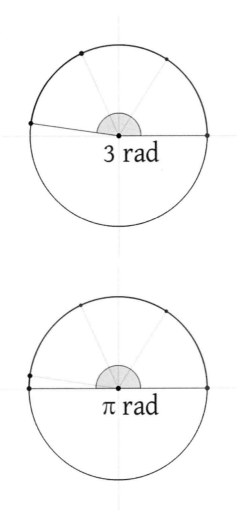

각도를 라디안 숫자로 바꾸어 보자! R에서는 라디안 입력을 요구한다. $\sin 90°$ 예를 들어보자. 각도 90 대신 라디안 $\dfrac{\pi}{2}$ 이다. R 입력의 경우 sin 다음 괄호 안에 pi/2 입력한다.

```
> sin(pi/2)
[1] 1
```

degree 라는 이름의 변수를 만들고, 값 30 입력 작업을 해보자! 각도를 의미하는 degree[digríː] 단어를 변수 이름으로 사용한다.

그리고는 값이 30인지 확인한다. 변수이름 degree 그대로 입력하면 된다. 30

값이 아래 줄에 나타난다.

내가 만든 변수를 포함하는 sin 값을 구해보자! 괄호안에서는 라디안 값을 계산한다. 그리고 sin 값을 구한다. 앞서 얘기하였듯이, R에서는 호도법을 사용한다.

다음 줄에 0.5 값이 나온다. 각도 30에 해당하는 비탈길을 올라가면 걸어간 거리의 절반 높이에 도달한다는 의미이다.

```
> r <- 30
> r
[1] 30
> sin(r * pi / 180)
[1] 0.5
```

## 14  log 함수와 자연상수

10 단위 로그함수 예시를 보자.

$$\log_{10}1=0 \qquad 10^0=1$$
$$\log_{10}10=1 \qquad 10^1=10$$
$$\log_{10}100=2 \qquad 10^2=100$$

로그함수에서 아래에 작게 쓰인 글자를 밑, 그 옆에 크게 쓰인 숫자를 진수라고 한다. 영어에서는 다음과 같이 읽는다.

$\log_{10}100=2$            log base 10 of 100 is 2

한데 R에서는 나중에 base 넣는다.

```
> log(x=100, base=10)
[1] 2
```

한데 보통 밑으로 자연상수를 쓴다. 자연상수 값은 exp(1) 이라고 입력하면 바로 나온다. 자연상수의 지수exponent[ikspóunənt] 이다.

> exp(1)
[1] 2.718282

exp(2)라고 하면 바로 이 값의 제곱이며, exp(3)이면 세제곱이다.

> exp(2)
[1] 7.389056

> exp(3)
[1] 20.08554

그래서 다음 식을 살펴보자.

$\log_e e = 0$          $e^0 = 1$
$\log_e e^1 = 1$          $e^1 = 2.718282$
$\log_e e^2 = 2$          $e^2 = 7.389056$

R로 실습해본다. 두 번째부터처럼 밑base 부분은 생략하기도 한다.

> log(x=exp(0), base=exp(1))
[1] 0

> log(x=exp(0))
[1] 0

> log(x=exp(1))
[1] 1

```
> log(x=exp(2))
[1] 2
```

<br>

## 15 중심을 표현하는 함수 mean median

중심 숫자 표현하는 함수를 살펴본다. 평균mean 중위수median 이다.

중위수는 가장 큰 수부터 작은 수까지 쭉 늘여놓았을 때 중간에 위치한 수이다. 전체 숫자수가 짝수라서 해당하는 수가 두 개라면, 둘의 평균이다.

```
> x <- c(1,2,3,4,50)
> x
[1]  1  2  3  4 50

> median(x)
[1] 3
```

합계에서 개수를 나누면 평균이다. 합계는 sum 함수 쓴다.

```
> sum(x)
[1] 60

> sum(x) / 5
[1] 12

> mean(x)
[1] 12
```

R 자체 함수 안 쓰고 버티기와 length 함수

여기까지 하고 나서는 다음과 같은 질문을 할 수 있다. R 자체 함수를 쓰지 않고 문제를 해결할 수는 없을까?

R 자체 함수를 내장함수built-in function 라고 한다. 빌트인 가구나 가전제품처럼 프로그램 자체에 처음부터 갖추어져 있는 함수이다. 내가 설정하지 않아도 이미 존재한다.

예를 들어, 평균을 직접 구할 수 있지 않을까? 1, 3, 3, 4, 7, 8, 9 라는 7개의 수가 제시된다.

```
> x <- c(1, 3, 3, 4, 7, 8, 9)
> x
[1] 1 3 3 4 7 8 9
```

이런 간단한 경우는 내가 직접 계산할 수 있다. 내장함수를 쓴 것과 비교해보자! 하나씩 입력하는 것이 번거롭기는 해도 가능은 하다.

```
> (1+3+3+4+7+8+9)/7
[1] 5
```

```
> mean(x)
[1] 5
```

한데 숫자가 많은 경우는 어떻게 할 것인가? 하나 하나 세고 있을 것인가?

구성요소 숫자 개수를 세어주는 R 자체 함수를 쓰게 된다. length 함수이다. 영어 단어 길이length[leŋkθ] 그대로이다.

벡터의 구성요소가 조금 긴 경우를 살펴보자! x 벡터를 새로 지정한다. 이제는 몇 개인지 세기 어렵다.

더군다나 숫자더미가 나타날 때마다 총 몇개인지 계산한다는 것도 사실 불가능하다.

```
> x
 [1] 1 4 2 8 5 7 9 4 3 1 4 4 4 4 5 6 7 7 7 4 3 0 1 0 0 5 6 7 9 2 9
```

부분적으로라도 내장함수를 결국 써야 한다.

```
> (1+4+2+8+5+7+9+4+3+1+4+4+4+4+5+6+7+7+7+4+3+0+1+0+0+5+
6+7+9+2+9) / length(x)
 [1] 4.451613
```

사실 sum 함수를 하나 더 쓰면 더 좋다.

```
> sum(x) / length(x)
 [1] 4.451613
```

직접적으로 해결하는 mean 하나를 쓰면 역시 제일 좋다. 역시 안 쓰고 버틸 수는 없다.

```
> mean(x)
 [1] 4.451613
```

참고삼아 확인하자면, 벡터 x 구성요소 개수는 31이다.

```
> length(x)
 [1] 31
```

**결측값NA 그리고 결측값 없애는 na.rm 함수**

측정하지 않았거나 측정하지 못한 값이 있을 수 있다. 결측값이다. R에서는 NA 표시로 내보낸다. 구할 수 있다available[əvéiləbl] 단어의 부정이다.

결측값은 여러 원인으로 발생한다.

사고나 실수로 조사결과가 없어져서, 숫자가 빠질 수 있다.

2차 조사에는 들어 있는 문항이 1차 조사에는 아예 없었다면, 1차에 빠진 문항이 자연스럽게 결측값이 된다.

대답을 꺼려해서 결측값이 된 경우도 있다. 모른다는 답변은 흔히 99로 입력하다가, 나중에 결측값으로 바꾸기도 한다.

결측값은 아주 중요하다. 결측값을 처리하지 못하면, 현실에서의 자료 처리가 불가능해진다.

앞서 수학 성적과 평균 내장함수를 응용해보자! 수학에서 세 번째 학생 점수를 몰라 NA로 처리한다. 이러면 평균이 그냥 나오지 않는다.

```
> math <- c(100, 50, NA)
> mean(math)
[1] NA
```

이런 경우에는 선택사항으로 na.rm 함수를 쓴다.

R 코딩에서는 이름지을 때 이런 식으로 마침표를 중간에 활용하는 경우가 많다. 결측값na 제거하다remove[rimúːv] 둘이 합쳐진 표현이다.

```
> mean(math, na.rm=TRUE)
[1] 75
```

이렇게 하니까, 결측값 세 번째 학생 성적을 제외한 나머지 두 개 점수 평균이 나온다.

## 18 규칙적 벡터 그리고 벡터 규칙적으로 정리하기 seq rep sort

앞서 : 보다 규칙성을 잘 표현하고 싶은 경우에는 seq 함수를 사용한다. 어디에서 시작되어서 쭉 작동하는 순서sequence[síːkwəns]에서 유래한다.

시작from 끝to 얼마씩by 세 단어로 명료하게 표현된다.

```
> a <- seq(from=2, to=10, by=2)
> a
[1]  2  4  6  8 10
```

간격 얼마씩을 의미하는 by 대신, 다른 걸 선택할 수 있다. 전개된 숫자 길이 length.out 이다.

length.out 사용할 때 주의점이 있다. 간격이 아니다. 늘어놓은 숫자 개수이다. 0에서 10까지 0,1,2,3,4,5,6,7,8,9,10 으로 전개되는 경우를 마음에 두고 있다고 하자.

10개 간격이라고 생각해서 length.out=10 입력하면, 생각과 다른 결과가 나온다. 늘어놓는 숫자의 개수를 생각해서 length.out=11 이라고 해야 원하는 대로 나온다.

```
> seq(from=0, to=10, length.out=10)
[1]  0.000000  1.111111  2.222222  3.333333  4.444444  5.555556
6.666667
[8]  7.777778  8.888889 10.000000
```

```
> seq(from=0, to=10, length.out=11)
[1]  0  1  2  3  4  5  6  7  8  9 10
```

되풀이하다replicate [répləkèit] 의미 그대로가 rep 함수이다. 반복되는 대상은 x이다.

pay라는 이름의 벡터를 몇 번이라는 의미의 times 함수를 써서 만들어보자! 일하고 받는 돈을 요일별로 정리하고 4주간 반복하는 개념이다.

반복 대상인 월화수목금토일 각각 받는 돈이 0원, 8만원, 0원, 8만원, 0원, 8만원, 12만원이다. 반복회수는 4주이다.

rep 다음에 x=c(0,8,0,8,0,8,12) times=4 둘이 나오고 쉼표로 나누어진다.

```
> pay <- rep(x=c(0,8,0,8,0,8,12), times=4)
> pay
[1]  0  8  0  8  0  8 12  0  8  0  8  0  8 12  0  8  0  8  0  8
12  0  8  0
[25]  8  0  8 12
```

이번에는 각자라는 의미의 each 함수를 써서 반복시켜보자!

0원 8만원 0원 12만원이 반복의 대상이어서, x=c(0,8,0,12) 이다. 반복되는 방식은 각 주이고 한 주가 각각 7일이어서, each=7 이다.

```
> pay <- rep(x=c(0,8,0,12), each=7)
> pay
[1]  0  0  0  0  0  0  0  8  8  8  8  8  8  8  0  0  0  0  0  0
 0 12 12 12
[25] 12 12 12 12
```

times each 둘을 다 쓸 수도 있다.

주의점이 있다!

each times 둘 중 무엇이 먼저 작동하는가 이다. 살펴보면 알 수 있겠지만, each 작동이 먼저이다.

```
> oneminusone <- rep(x=c(1,-1), times=10, each=3)
> oneminusone
[1]  1  1  1 -1 -1 -1  1  1  1 -1 -1 -1  1  1  1 -1 -1 -1  1  1  1
-1 -1 -1
```

```
[25] 1   1   1  -1  -1  -1   1   1   1  -1  -1  -1   1   1   1  -1  -1  -1   1   1
1  -1  -1  -1
[49] 1   1   1  -1  -1  -1   1   1   1  -1  -1  -1
```

순서대로 늘여놓는 것이, sort 함수이다. 늘여놓는 대상을 정하는 방식은 rep 함수 경우와 마찬가지이다.

늘여놓는 순서를 정할 때는, 앞서 언급한 논리부호가 들어간다. FALSE TRUE 두 가지 중 하나이다.

감소하는decreasing[dikríːsiŋ] 단어에서 de 부분은 아래라는 의미의 down에서 나온다.

```
> numbers <- c(5, 4, 9, 7, 1)

> sort(x=numbers, decreasing=FALSE)
[1] 1 4 5 7 9

> sort(x=numbers, decreasing=TRUE)
[1] 9 7 5 4 1
```

벡터 이름 대신에 c 함수로 구성된 벡터가 들어갈 수도 있다.

```
> sort(x=c(5, 4, 9, 7, 1), decreasing=TRUE)
[1] 9 7 5 4 1
```

이러면 이렇게 하고, 저러면 저렇게 하라는 것이 조건문이다. 일상 대화가 컴퓨터 언어에서 구현된 것이다.

벡터가 기본적 단위인 R 경우에, 벡터를 조건의 대상으로 삼는 함수가 ifelse 이다. 숫자 하나 글자 하나를 따지는 것이 아니라, 이러한 숫자들 글자들로 이루어진 벡터 구성요소 하나 하나를 한꺼번에 따진다.

입력되는 단위가 벡터이기 때문에, 당연히 출력되는 단위 역시 벡터이다. 한꺼번에 입력된 구성요소 전체 결과를 내어놓는다. 새로운 벡터가 나오는 셈이다.

구조는 다음과 같다.

ifelse(참 혹은 거짓, if 경우 실행내용, else 경우 실행내용)

ifelse( , yes=, no= )

참 혹은 거짓을 가장 직접적으로 충족하는 것은 논리형 벡터 자체이다.

```
> x <- c(FALSE, TRUE, FALSE, TRUE)
> ifelse(x, yes=100, no=200)
[1] 200 100 200 100

> lvector <- c(TRUE, TRUE, FALSE, FALSE)
> ifelse(lvector, yes=1, no=2)
[1] 1 1 2 2
```

TRUE FALSE 둘 중 하나의 논리값으로만 귀결되는 조건문도, 적용이 가능하다. vector1 벡터의 각각 구성요소가 7인지 아닌지는 결국 맞다 맞다 아니다 둘 중에서 하나로 강제된다.

```
> vector1 <- c(5, 6, 7)
> vector1 == 7
[1] FALSE FALSE  TRUE
```

이제 7인지 아닌지 묻는 조건문을 형식에 넣어보자.

```
> vector1 <- c(5, 6, 7)
> ifelse(vector1 == 7, yes="seven", no="not seven")
[1]  "not seven"  "not seven"  "seven"
```

ifelse 결과를 벡터로 지정해보면, 벡터 구성요소 하나 하나 한꺼번에 따진다는 의미를 더 잘 이해할 수 있다.

```
> vector2 <- ifelse(vector1 == 7, yes="seven", no="not seven")
> vector2
[1]  "not seven"  "not seven"  "seven"
```

간단한 실습을 해보자!

일주일간 일한 시간이 벡터로 제시된다. 받을 돈이 ifelse 함수를 거쳐 제시된다. 8시간 미만으로 일하면, 시간당 만원을 받는다. 8시간 이상 일하면, 시간당 만 오천원을 받는다.

```
> hours <- c(5, 10, 8, 4, 12, 5, 5)

> pay <- ifelse(hours >= 8, yes=15000*hours, no=10000*hours)

> pay
[1]  50000 150000 120000  40000 180000  50000  50000
```

지역이나 나라의 보통 사람이 일 년 동안 어느 정도 돈을 버는 지에 대한 새로운 지표를 만드는 것이 문제이다.

평균과 더불어 중위수 소득이 쓰이는 경우가 많다. 중위수 소득은 제일 많이 버는 사람부터 제일 작게 버는 사람까지 쭉 세워두고 한중간에 있는 사람 소득을 제시하는 것이다.

중위수 소득 대신, 중위수 소득보다 작게 버는 사람들의 평균을 측정하면 어떨까?

그리 능력이 없거나 운이 없는 사람들의 소득을 잘 측정하는 것이, 이러한 중위수 이하 값 평균 구하기가 아닐까?

하여튼 중위수 미만 평균을 구해본다! 먼저 숫자를 제시하고, 평균과 중위수부터 한번 구해본다.

주어진 벡터는 열명의 연간 소득이다. 단위는 천만원이라고 생각하자! 1천만원부터 9천만원까지 있고, 일년에 5억 5천만원을 버는 사람이 한 명있다. 사실 이런 소수의 부자가 주는 영향을 줄이기 위해, 중위수가 쓰인다.

```
> x <- c(1,2,3,4,5,6,7,8,9,55)
```

평균은 1억이고, 중위수는 5천 5백만원이다.

```
> mean(x)
[1] 10
```

```
> median(x)
[1] 5.5
```

## 21 대괄호 [ ] 써서 중위수 미만 평균 구하기

똑같은 구성요소를 가진 벡터를, 다른 이름 x1 벡터로 먼저 만들고 작업한다. 여기서 하나 알아두자!

이렇게 원자료를 가지고 계산에서 일부를 바꾸려고 할 때는, 다른 이름의 벡터로 먼저 저장해둔다.

현실의 자료에서는, 바꾸고 나서는 원자료로 잘 돌아갈 수 없다. 자료가 방대한 경우도 많고, 내가 어떻게 자료를 바꾸었는지 잊어버리는 경우도 많다.

```
> x <- c(1,2,3,4,5,6,7,8,9,55)
> x
[1]  1  2  3  4  5  6  7  8  9 55

> x1 <- x
> x1
 [1]  1  2  3  4  5  6  7  8  9 55
```

앞서 대괄호 [] 활용해 벡터 구성요소 가져오기를 해본 적이 있다. 이를 활용해서, 대괄호 [] 이용한 값 선택을 한다.

대괄호 안에 조건문을 넣을 수 있다.

중위수 이상인 값을 선택하여 결측치로 바꾼다.

```
> x[x >= median(x)] <- NA

> x
[1]  1  2  3  4  5 NA NA NA NA NA
```

한데 여기서 문제가 생긴다. NA 값이 있어서, 결과는 무조건 NA 이다.

```
> mean(x)
```

[1] NA

na.rm 활용한다. na.rm = TRUE 입력이 되자, 3이라는 평균값이 나온다. 1,2,3,4,5 다섯 개만 계산한다.

> mean(x, na.rm = TRUE)
[1] 3

## 22 ifelse 써서 중위수 미만 평균 구하기

이번에는 동일한 벡터를 다른 이름으로 저장한 다음에 이리저리하는 번거로움을 피해본다.

ifelse 함수를 쓰자!

먼저 결과를 보자! 중위수 5.5 미만 다섯명 소득 1,2,3,4,5에 대한 평균 3이 나왔다.

마지막 두 줄에 나오는 것처럼, 벡터값은 원래 그대로이다. 바꾸어진 내용을 따로 지정하지 않았기 때문이다.

> x <- c(1,2,3,4,5,6,7,8,9,55)
> x
[1]  1  2  3  4  5  6  7  8  9 55

> mean(ifelse(x < median(x), yes=x, no=NA), na.rm = TRUE)
[1] 3

원래의 x 벡터는 그대로이다.

> x
[1]  1  2  3  4  5  6  7  8  9 55

## 23 | subset 써서 중위수 미만 평균 구하기

subset 함수는 사용하기 쉽다. 괄호안에 두 가지만 입력하면 된다. 벡터 이름과 조건식이다.

```
> x <- c(1, 2, 3, 4, 5)

> y <- subset(x, x > 3)
> y
[1] 4 5
```

subset 함수로 선택되는 중위수 미만 벡터에 lowerincome 이라는 이름을 붙인다.

```
> x <- c(1,2,3,4,5,6,7,8,9,55)
> x
 [1]  1  2  3  4  5  6  7  8  9 55

> subset(x, x < 5.5)
[1] 1 2 3 4 5

> subset(x, x < median(x))
[1] 1 2 3 4 5

> lowerincome <- subset(x, x < median(x))
> lowerincome
[1] 1 2 3 4 5

> mean(lowerincome)
```

[1] 3

이해를 위해 풀어쓴 것이다. 사실 이렇게 짧다.

> x <- c(1,2,3,4,5,6,7,8,9,55)

> lowerincome <- subset(x, x < median(x))

> mean(lowerincome)
[1] 3

## 24  자신만의 함수 만들기

함수를 만드는 것을 비유로서 설명해보자! 다음 책 153쪽 내용이다.

함수 계산 내용은 무엇을 찍어내는 생산설비이다. 원재료를 가져와서 근사한 완제품을 만들어내는 기계이다. 함수를 만드는 것은 제대로 된 공장을 만드는 셈이다.

그래서 공장 울타리에 해당하는 것이 { } 이다. x 라는 원재료가 울타리 안에서 완제품으로 바뀐다.

Andre De Vries & Joris Meys. 2015. *R for Dummies* John Wiley & Sons: Hoboken, New Jersey

또 다른 비유이다. "R에게 이건 이렇게 계산하는 거야."라고 가르치는 것이 함수를 정의하는 것이다. 다음 책 52쪽이다.

J. D. 롱, 폴 티터 지음. 2019(2021) 『R Cookbook 2판: 데이터 분석과 통계, 그래픽스를 위한 실전 예제』 이제원 옮김. 프로그래밍인사이트.

책 52쪽에 나온 변동계수 함수 만들기이다.

여기서는 만들어놓은 함수 cv 다음 괄호 안에 그냥 1:10 이라는 벡터를 입력한다. 결과는 0.5504819 이다.

> cv <- function(x) {sd(x)/mean(x)}


> cv(1:10)
[1] 0.5504819


변동계수는 표준편차를 평균으로 나눈 값이다. 변동계수가 클수록 흩어져 있는 정도가 큰 것이다.

두 집단이 평균에서 큰 차이가 있거나 혹은 측정단위가 다른 경우에 사용한다. 다음과 같이 풀어놓으면, 이해가 쉽다. 최종적으로 나오는 값 0.5504819 경우는, 함수를 적용해서 쓸 때와 동일하다.

한데 자신만의 함수를 만드는 쪽이 역시 간단하다.

> x <- c(1:10)
> x
 [1]  1  2  3  4  5  6  7  8  9 10

> sd(x)
[1] 3.02765

> mean(x)
[1] 5.5

> sd(x) / mean(x)
[1] 0.5504819


이번에는 쉬운 걸 한번 해보자!

직사각형 면적 계산하기인데, 다음 순서로 진행한다. 마음에 드는 함수 이름 area, 지정하고 <-, function, () 안에 벡터 두 개 x y, 마지막으로 {} 안에 계산

내용인 둘의 곱이다.

```
> area <- function(x, y) {x * y}

> x <- c(2, 5, 3)
> x
[1] 2 5 3

> y <- 10:8
> y
[1] 10  9  8

> area(x, y)
[1] 20 45 24
```

가로 x가 각각 2, 5, 3 이다. 세로 y 값은 10, 9, 8 이다. 함수 area 계산은 이러한 가로 세로를 각각 곱하는 것이다. 결과는 면적 20, 45, 24 이다.

앞서 일반 각도를 라디안 값으로 바꾸는 작업을 함수화해보자!

```
> radian <- function(x){x * pi /180}

> radian(180)
[1] 3.141593

> radian(360)
[1] 6.283185
```

중위수 미만 평균 계산하는 내용을 이제는 함수로 만들어 보자!

```
> lowermean <- function(x) { mean(subset(x, x < median(x))) }
```

> x <- c(1,2,3,4,5,6,7,8,9,55)

> lowermean(x)
[1] 3

문제풀이가 일반화되었다. 이젠 해당하는 벡터만 입력하면 중위수 미만 평균을 쉽게 구할 수 있다.

소득 각 값을 10배 늘려 입력해보자!

> x <- c(10, 20, 30, 40, 50, 60, 70, 80, 90, 550)

> lowermean(x)
[1] 30

---

## 25  if 함수를 잘 안 쓰고 대신 ifelse 쓰는 이유

R 언어에도 if 함수가 있다. if 함수는 따라오는 괄호 안에 조건식이 들어간다. 조건식을 충족하면 { } 안에 있는 내용을 실행한다.

한데 잘 안 쓴다. 한계가 있어서이다.

간단한 예를 가지고 알아보자.

운동시설을 운영한다고 생각해보자. 회비 계산하는 프로그램을 짜보자. 한달 회비는 10만원이고, 6개월 이상 결재하면 30% 할인을 해준다.

if 함수를 쓴다. money 라는 여기서 만드는 함수가 회비 계산하는 나만의 함수이다.

제일 왼쪽에 나타나는 + 기호는 R의 진행형 대화이다. 엔터를 눌렀지만, 아직 끝나지 않았으니 계속 입력하라는 이야기이다. 만약 그냥 끝내고 싶은 상황이면, Esc 누르면 된다.

print 함수는 즉각적으로 콘솔 창에 출력하라는 명령이다.

3개월과 10개월을 각각 함수에 입력하여 제대로 작동하는지 확인해본다. 3개월은 30만원, 10개월은 30% 할인된 70만원으로 제대로 나온다. month 값을 12개월로 지정한 다음, 함수를 돌려도 30% 할인된 84만원으로 옳게 나온다.

```
> money <- function(month){
+ formula <- month * 10
+ if(month >= 6){
+ formula <- formula * 0.7
+ }
+ print(formula)
+ }

> money(3)
[1] 30

> money(10)
[1] 70

> month <- 12
> money(month)
[1] 84
```

그러면 한계는 어디에서 오는 것일까? 여러 사람이 한꺼번에 등록을 하게 되면 어떨까?

month 지정을 벡터로 해서 한꺼번에 처리하려고 하면 오류가 뜬다.

```
> month <- c(1, 3, 9)
> money(month)
if (month >= 6) {에서 다음과 같은 에러가 발생했습니다:the condition
has length > 1
```

ifelse 쓰면 한계를 넘어선다. 벡터 사용가능하다.

```
> xmoney <-function(xmonth){
+ xformula <- xmonth * 10
+ xformula <- xformula * ifelse(xmonth >= 6, yes=0.7, no=1)
+ print(xformula)
+ }

> xmoney(4)
[1] 40

> xmonth <- c(20, 30, 40)
> xmoney(xmonth)
[1] 140 210 280

> xmoney(c(30, 40, 50))
[1] 210 280 350
```

## 26  벡터로 데이터프레임 만들기

현실에서의 자료처럼 보이는 것이 데이터프레임이다. 말 그대로 틀frame[freim]
갖춘 정보data 이다.

벡터를 모아서 만들 수 있다.

```
> number <- c(1:3)
> name <- c("Jane",  "Tom",  "Peter")
> math <- c(100, 50, 50)
> english <- c(50, 100, 50)
> mathwizard <- math > 90

> student <- data.frame(number, name, math, english, mathwizard)
```

```
> student
  number  name math english mathwizard
1      1  Jane  100      50      TRUE
2      2   Tom   50     100     FALSE
3      3 Peter   50      50     FALSE
```

## 27 열 행 묶어 데이터프레임 그리고 벡터 재활용 rbind cbind

영어 단어 묶다bind[baind] 그리고 행row, 열column 앞 글자가 결합된 형태이다.

벡터, 데이터프레임뿐 아니라 곧 설명할 메트릭스matrix 역시 묶는 단위이다. 여기서는 데이터프레임을 열로 묶어 추가해 더 큰 데이터프레임을 만들어 본다. 새로 추가하는 데이터프레임에는 역사점수와 과학점수가 열로 배치되어 있다.

```
> number <- c(1:3)
> name <- c("Jane",  "Tom",  "Peter")
> math <- c(100, 50, 50)
> english <- c(50, 100, 50)
> mathwizard <- math > 90

> student <- data.frame(number, name, math, english, mathwizard)
> student
  number  name math english mathwizard
1      1  Jane  100      50      TRUE
2      2   Tom   50     100     FALSE
3      3 Peter   50      50     FALSE

> english <- c(50, 100, 50)
> mathwizard <- math > 90
```

```
> student <- data.frame(number, name, math, english, mathwizard)
> student
  number  name math english mathwizard
1      1  Jane  100      50       TRUE
2      2   Tom   50     100      FALSE
3      3 Peter   50      50      FALSE

> history <- c(70, 80, 90)
> science <- c(50, 50, 70)

> hs <- data.frame(history, science)
> hs
  history science
1      70      50
2      80      50
3      90      70

> withhs <- cbind(student, hs)
> withhs
  number  name math english mathwizard history science
1      1  Jane  100      50       TRUE      70      50
2      2   Tom   50     100      FALSE      80      50
3      3 Peter   50      50      FALSE      90      70
```

이번에는 재활용 특성을 살펴보자! 새롭게 데이터프레임을 정의하고 열을 묶어 추가한다.

french 벡터는, cbind 함수가 묶는 작업을 하는 순간에는 80, 80, 80이라는 구성요소를 가진 벡터로 적용된다. 80이 계속 쓰이는 것이다.

spanish 벡터 역시 원래의 70, 95 두 구성요소가 재활용된다. 70, 95, 70, 95로 맞추어 들어간다.

```
> name <- c("Jane", "Tom", "Peter", "John")
> math <- c(100, 50, 50, 70)

> student <- data.frame(name, math)
> student
   name math
1  Jane  100
2  Tom    50
3  Peter  50
4  John   70

> french <- 80
> spanish <- c(70, 95)

> withfs <- cbind(student, french, spanish)
> withfs
   name math french spanish
1  Jane  100    80      70
2  Tom    50    80      95
3  Peter  50    80      70
4  John   70    80      95
```

물론 french 벡터의 원래 구성요소는 재활용 처리 이후에는 그대로이다. 80 하나 뿐이다.

spanish 역시 원래대로 70, 95 두 개의 구성요소이다.

```
> french
[1] 80
> spanish
[1] 70 95
```

## 28 중간에 $ 넣어서 데이터프레임에서 벡터 가져오기

이름과 수학점수로 구성된 student 데이터프레임에서 하나의 벡터만 가져와 본다.

논리적으로 생각해보면 단순한 방법이다. 그냥 데이터프레임이름과 벡터이름을 쭉 이어쓰는 것이다. 한데 그 중간에 $가 들어간다.

```
> name <- c("Jane", "Tom", "Peter", "John")
> math <- c(100, 50, 50, 70)
> student <- data.frame(name, math)
```

데이터프레밍 이름에서 각 벡터 name 그리고 math 둘을 각각 $로 연결시켜 본다. 각 벡터만 뽑아낸 것을 확인할 수 있다.

```
> student$name
[1] "Jane"  "Tom"  "Peter"  "John"
```

```
> student$math
[1] 100  50  50  70
```

당연히 뽑아낸 벡터를 지정할 수도 있다. 벡터 이름과 다르게 name2로 지정 해본다.

```
> name2 <- student$name
> name2
[1] "Jane"   "Tom"    "Peter"  "John"
```

**벡터를 그냥 표처럼 정리하면 메트릭스**

벡터를 그냥 표처럼 정리한 형태가 메트릭스matrix 이다. 10부터 10씩 증가해서 60까지 가는 벡터가 있다.

x 〈- seq(from=10, to=60, by=10)

이러한 벡터를 그냥 메트릭스라고 정의하면, 메트릭스가 된다. score라는 이름의 메트릭스를 만든다.

여기서 두 가지를 관찰할 수 있다. 첫 번째는 형태가 벡터와는 달리 표처럼 전개된다는 것이다. 두 번째는 세로 순서로 벡터 구성요소가 채워진다는 점이다.

```
> score <- matrix(x)
> score
      [,1]
[1,]    10
[2,]    20
[3,]    30
[4,]    40
[5,]    50
[6,]    60
```

행과 열을 지정할 수 있다. column 숫자를 지정해 줄 필요가 있다. 행과 열은 영어로 각각 row[rou] column[kάləm] 이다. 여기서 몇 개를 의미하는 n이 붙어서 nrow, ncol 이다.

이제 더 표처럼 보이기 시작한다.

```
> score <- matrix(x, nrow=2, ncol=3)
> score
```

```
         [,1]  [,2]   [,3]
[1,]    10    30    50
[2,]    20    40    60


> score <- matrix(x, nrow=3, ncol=2)
> score
         [,1]    [,2]
[1,]    10     40
[2,]    20     50
[3,]    30     60
```

여기서 주의할 점이 있다. 메트릭스는 기본적 벡터 특성을 그대로 가지고 있다. 함수를 적용해보면, 무슨 이야기인지 쉽게 이해가 된다. 메트릭스로 바꾸기 이전과 이후를 비교해보자. 각각 합계를 구하는 sum 함수를 적용한다. 둘 다 전체 구성요소의 합은 21로 동일하다.

```
> a <- c(1, 2, 3, 4, 5, 6)
> sum(a)
[1] 21


> b <- matrix(a, nrow=3, ncol=2)
> b
         [,1]    [,2]
[1,]     1      4
[2,]     2      5
[3,]     3      6
> sum(b)
[1] 21
```

물론 정보가 구조화되는 방식은 서로 다르다. 벡터와 메트릭스는 딱 보기에서 형태가 다르다. 메트릭스는 표 형태이다.

그래서 데이터 구조의 종류를 묻는 class 함수로 물어보면 다르게 나온다. 벡터인 a 경우는 숫자 벡터라고 "numeric" 이라고 나온다. 메트릭스 b 종류는 "matrix" "array" 라고 나온다. array 경우는 조금 있다 설명한다.

```
> class(a)
[1]  "numeric"

> class(b)
[1]  "matrix"  "array"
```

문자 벡터는 "character" 라고 종류가 출력된다.

```
> cha <- c("a",  "b")
> class(cha)
[1]  "character"
```

## 30 메트릭스 다르게 만들기 rbind cbind

다르게 메트릭스를 만들 수 있다! 벡터와 벡터를 합쳐서, 메트릭스를 만든다.

```
> v1 <- c(10, 20, 30, 40)
> v2 <- c(50, 60, 70, 80)

> m12 <- rbind(v1, v2)
> m12
     [,1]  [,2]  [,3]  [,4]
v1    10    20    30    40
v2    50    60    70    80
```

메트릭스와 메트릭스를 합쳐보자!

```
> m1 <- matrix(1:6, nrow=2)
> m2 <- matrix(7:12, nrow=2)

> m1m2 <- cbind(m1, m2)
> m1m2
     [,1] [,2] [,3]  [,4] [,5]  [,6]
[1,]    1    3    5     7    9    11
[2,]    2    4    6     8   10    12
```

## 31 메트릭스에서 행과 열 이름 붙이기

이해가 쉽게 메트릭스 행과 열에 이름을 붙여주면 좋다. 함수 이름에서 조심할 점은, 두 가지이다. 이름이 복수라는 점, 즉 names 이다. 그리고 column 경우는 줄여서 col이다.

따라서, rownames colnames 이다.

```
> jane <- c(80, 90, 100, 100, 100, 100)

> janescore <- matrix(jane, nrow=2)
> janescore
     [,1]  [,2]  [,3]
[1,]   80   100   100
[2,]   90   100   100

> rownames(janescore) <- c("midterm", "final")
> janescore
         [,1]  [,2]  [,3]
```

```
midterm   80   100   100
final      90   100   100
```

```
> colnames(janescore) <-  c("english",  "math",  "science")
> janescore
           english  math  science
midterm       80     100     100
final         90     100     100
```

**메트릭스에서 apply 함수**

적용하다apply[əplái] 라는 영어 단어 하나로는, 함수 이해가 쉽지 않다.

영어 문장으로는 쉽다. 'apply function to rows' 'apply function to columns' 라는 표현에서 나온 함수이다. '어떤 함수를 행마다 혹은 열마다 적용하다'라는 의미이다.

실제로 이게 apply 함수가 하는 일이다. apply 다음 괄호안에는 세 가지는 꼭 들어간다. 첫째는 메트릭스 등의 대상이다. 두 번째는 어디로 적용되는지이다. 행이면 1, 열이면 2 이다. 세 번째는 적용할 구체적 함수이다.

$$apply(X= , MARGIN= , FUN= )$$

행이나 열의 가장자리라는 의미에서 MARGIN 이다. 가장자리margin[mάːrdʒin] 이다.

함수라는 의미의 function 으로부터 FUN 나온다.

해보면서 감을 잡자! 먼저 e 벡터를 만든다. f 이름을 가진 메트릭스로 바꾼다. R은 언제나 열부터 먼저 채워넣는 걸 다시 확인하자. 메트릭스 첫 번째 열이 3, 1, 1, 8 식으로 진행된다.

```
> e <- c(3, 1, 8, 1, 3, 8)
```

```
> f <- matrix(e, nrow=3, ncol=2)
> f
     [,1] [,2]
[1,]    3    1
[2,]    1    3
[3,]    8    8
```

apply 함수를 공식대로 적용해본다.

MARGIN=1 이니 행인 가로방향에 적용된다.

FUN=mean 이라고 입력되었으니, 평균 함수가 적용되어 행 가장자리에 나타난다.

결과는 2 2 8 이다.

```
> apply(X=f, MARGIN=1, FUN=mean)
[1] 2 2 8
```

2 2 8 숫자가 어떤 의미인지, 감이 잘 잡히지 않을 것이다. 일단 apply 함수 적용 결과를 새 이름 벡터로 지정한다.

```
> rowmean <-apply(X=f, MARGIN=1, FUN=mean)
> rowmean
[1] 2 2 8
```

앞서 장에서 배운 cbind 함수를 사용해서 기존 메트릭스에 붙인다.

```
> rowmeanapply <-cbind(f, rowmean)
```

이제 감이 온다! 가장자리에 함수를 적용해서 붙인다는 의미가 이해된다. 행으로 해서 쭉 정렬된다. 첫 줄 (3+1)/2 해서 1, 두 번째 줄에서 (1+3)/2 해서 2, 마지막 줄 8 두 개 평균이 8이다.

```
> rowmeanapply
        rowmean
[1,] 3 1       2
[2,] 1 3       2
[3,] 8 8       8
```

rowmean 벡터와 새로 생겨난 메트릭스 같아 보이는 rowsumapply 종류를 확인해본다. 메트릭스에 벡터를 갖다 붙여도 메트릭스인 셈이다.

```
> class(rowmean)
[1]  "numeric"
```

```
> class(rowmeanapply)
[1]  "matrix"  "array"
```

계속 실습해보자! 이번에는 MARGIN=2 이다. 열인 세로 방향으로 함수를 적용한다. (3+1+8)/3, (1+3+8)/3 계산값이 나온다. 둘 다 4 이다.

```
> f
     [,1] [,2]
[1,]    3    1
[2,]    1    3
[3,]    8    8

> apply(X=f, MARGIN=2, FUN=mean)
[1] 4 4
```

이번에는 rbind 함수를 활용하자! 제일 밑에 한 줄을 추가하는 방식으로 합쳐보자!

```
> colmean  <-  apply(X=f, MARGIN=2, FUN=mean)
> colmean
[1] 4 4

> colmeanapply <- rbind(f, colmean)
> colmeanapply
        [,1]  [,2]
          3    1
          1    3
          8    8
colmean   4    4
```

## 33  apply 함수와 배열array

벡터 구성요소를 메트릭스 형식으로 제시하는 것은 쉽게 이해가 된다. 가로와 세로에 우리가 익숙하기 때문이다.

벡터 구성요소를 배열 형식으로 늘여놓을 수 있다. array[əréi] 표현 자체가 질서정연하게 늘여놓는다는 의미이다. 가로와 세로를 여러개 늘여놓는 형식이다. 전쟁터에서 가로 세로로 병사들이 짜여진 하나의 부대를 메트릭스라고 하자. 이런 부대를 여럿 쭉 늘여놓은 것이 배열Array 이다.

차원이 하나 늘어나는 셈이다. 선에 해당하는 벡터가 1차원이고 면에 해당하는 메트릭스가 2차원이라면, 벡터는 3차원으로 비유할 수 있다.

이러한 배열은 메트릭스와 비슷한 방식으로 만들 수 있다. 가로 세 줄이고 세로 두 줄인 메트릭스가, 하나가 아니라 두 개가 나온다.

```
> q <- array(1:12, dim=c(3, 2, 2))
> q
, , 1
```

```
       [,1]   [,2]
[1,]     1     4
[2,]     2     5
[3,]     3     6


, , 2


       [,1]   [,2]
[1,]     7    10
[2,]     8    11
[3,]     9    12
```

이런 배열Array 형태를 왜 쓰는지는 apply 함수를 적용해보면 이해된다. 두 개의 각각의 메트릭스 구성요소 합을 구한다.

```
> apply(X=q, MARGIN=3, FUN=sum)
[1] 21 57
```

## 34 메트릭스 계산

이 제목은 두 가지 의미를 가진다. R이 메트릭스를 사용해 계산할 수 있다. 독자 여러분이 메트릭스로 계산할 수 있다. 이렇게 두 가지 이다.

R에서 메트릭스는 계산을 쉽게 한다. 앞서 만든 jane 시험점수 메트릭스에 이어, john 시험점수 메트릭스를 동일한 방식으로 만들어 본다.

```
> john <- c(60, 50, 80, 70, 90, 90)

> johnscore <- matrix(john, nrow=2)
> johnscore
```

```
        [,1]    [,2]    [,3]
[1,]    60     80      90
[2,]    50     70      90

> rownames(johnscore) <- c("midterm", "final")

> colnames(johnscore) <- c("english", "math", "science")

> johnscore
          english   math   science
midterm      60      80      90
final        50      70      90
```

이제 jane 점수에서 john 점수를 빼는 뺄셈 계산을 해본다.

```
> janescore - johnscore
          english   math   science
midterm      20      20      10
final        40      30      10
```

덧셈도 해본다.

```
> janescore + johnscore
          english   math   science
midterm     140     180     190
final       140     170     190
```

메트릭스 곱셈은 덧셈 뺄셈과 다르다. 각각을 그냥 곱한 결과가 나오지 않는다. 기호 역시 곱셈 앞뒤로 %를 넣는 %*% 이다.

여기서는 Glenn Henshaw 홈페이지[2]에 나온 벡터를 직관적으로 이해하는 이야기를, 저자가 R로 계산하면서 그대로 옮긴다.

A, B, C 세 사람이 있다. 세 사람이 맥주beer 칵테일cocktail 마시는데 각각 마신 잔 숫자가 bcnumber 행렬이다.

그러니까 행으로 진행한다고 이해하면 된다. 그래서 일부러 행렬 채워넣는 방식도 기본사양대로 두지 않고 반대로 해서 설정해두었다.

맥주와 칵테일 각각의 가격이 bcprice 이다. 열로 작동한다고 이해하면 된다.

두 행렬 곱셈을 하니, 내야할 돈이 계산된다. 가게에서는 세 사람이 각각 24달러 27달러 28달러를 쓴다.

```
> number <- c(2, 1, 1, 2, 4, 0)

> bcnumber <- matrix(number, nrow=3, ncol=2, byrow=TRUE)
> bcnumber
     [,1]   [,2]
[1,]   2     1
[2,]   1     2
[3,]   4     0

> price <- c(7, 10)

> bcprice <- matrix(price, nrow=2, ncol=1, byrow=FALSE)
> bcprice
     [,1]
[1,]   7
[2,]   10

> bcnumber %*% bcprice
     [,1]
[1,]   24
[2,]   27
```

---

2) https://ghenshaw-work.medium.com/3-ways-to-understand-matrix-multiplication-fe8a007d7b26

[3,]    28

행렬 곱셈은 벡터끼리의 곱셈이라고 이해하면 쉽다. 첫 번째 행렬은 행 벡터 3 개, 두 번째 벡터는 열 벡터 한 개로 이해하자!
행 3개 곱하기 열 1개 하니, 행 3개 열 1개 짜리 벡터가 나온다.

## 35    R Studio

https://posit.co/download/rstudio-desktop/ 이다.
아니면 구글에서 r studio 검색한다. Download the RStudio IDE 라고 맨 먼저 나오는 사이트이다.
DOWNLOAD RSTUDIO DESKTOP FOR WINDOWS 누른다.

# Step 2:
# Install RStudio Desktop

DOWNLOAD RSTUDIO DESKTOP FOR WINDOWS

Size: 190.49MB | SHA-256: B38BF925 | Version: 2022.07.2+576 | | Released: 2022-09-21

R 설치할 때와 마찬가지로, 경로나 폴더에 한글이 있으면 안 된다. 컴퓨터가 제시하는대로, 그냥 따라가자.

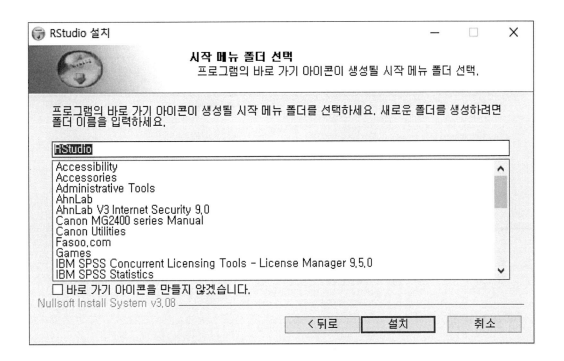

설치되면 열어서 **View  Panes  Pane Layout...** 순으로 선택한다. 현재 설치된 창 배치 및 구성요소를 바꿀 수 있다.

네 개의 사각형 중 왼쪽 위가 Source 라고 되어 있다. 편집창 source cript window 이다.

왼쪽 아래 네모가 콘솔 이다. Console 이라고 되어 있다. R에서 늘 작업하던 공간이다.

오른쪽 위에서 Environment 탭으로 시작하는 창이 환경창이다. 진행되는 상황을 보여준다.

오른쪽 아래는 Files 로 시작하는 창이다. 파일관리창이다. 보여지는 폴더는, 파일이 기본적으로 저장되는 작업디렉토리working directory 이다.

이미 해본 실습을, R Studio에서 해보면서 어떻게 작동하는지 감을 잡아보자!

여기서 해보는 실습하고는 상관없지만, 편집창 관련해서 하나 얘기해둔다. 새 편집창을 열고 싶을 때는, **File  New File  R Script** 하면 된다.

편집창에 다음과 같이 입력한다. 명령문 입력 방식이 아니라, 편하게 입력된다.

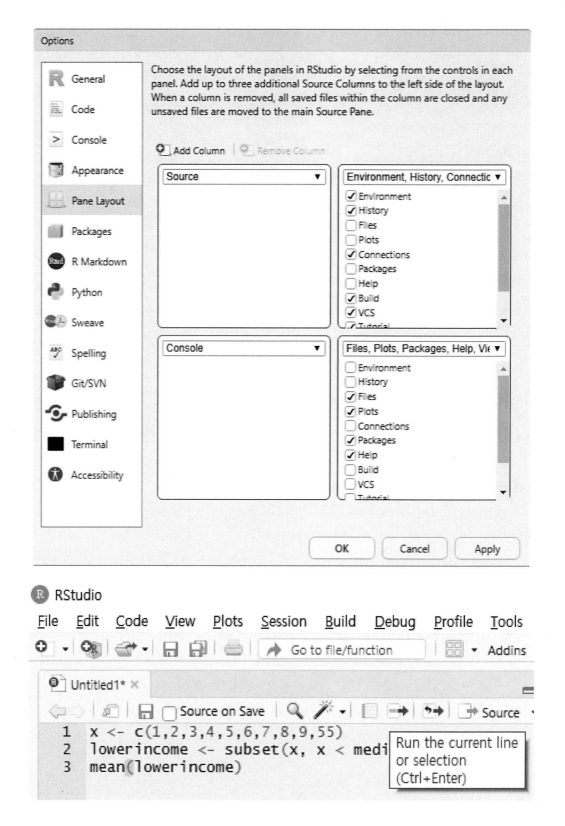

현재 상태로는 입력한 것이 그냥 텍스트 파일일 뿐이다. 이제 실행시켜야 한다. 실행하기 위해서는, 그림에서와 같이 마우스로 문서 전체를 선택하고 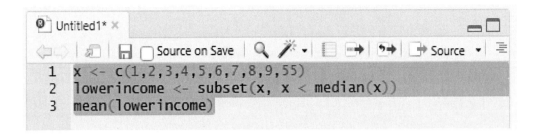 버튼을 눌러주면 된다.

화면에 Run the current line or selection 이라고 나와 있듯이, 그냥 누르면 해당 줄만 실행된다. 다음과 같이 전체를 선택해서 누른다.

전체 화면을 보면, 실행 이후에 두 개의 창에서 변화가 일어난다. 먼저 콘솔창에는 계속 R에서 해오던 것과 동일한 실행 내용이 나타난다.

평균도 구해져서 3이라고 나와 있는 것을 볼 수 있다.

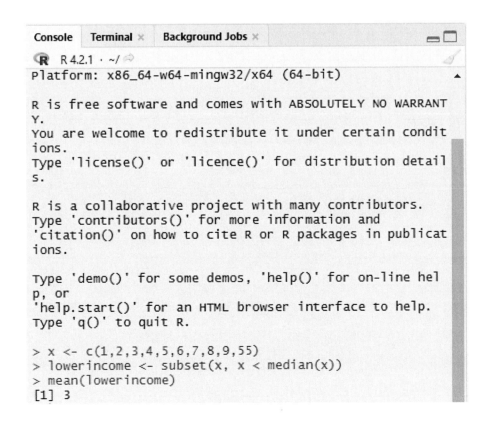

환경창에서는 작업내용이 나온다. 두 벡터, 벡터의 종류, 구성요소가 나타난다.

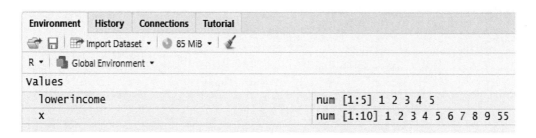

파일관리창에는 변화가 없다. 저장된 파일이 아직 없기 때문이다.

작업 내용을 저장하는 곳이 파일관리창 폴더이다. R에서 기본적으로 저장하고 가져오는 곳을 작업 디렉토리 working directory 라고 한다.

콘솔창으로 가서, **getwd()** 실행해본다. get working directory 라고 이해하면 된다.

작업하는 컴퓨터마다 당연히 다르게 나타나는데, 저자 컴퓨터는 다음과 같다. 윈도우 파일탐색기를 사용해, 나온 폴더로 가보자. 그곳이 바로 작업디렉토리이고, R Studio 파일관리창에서 늘 보여주는 폴더이다.

source script 라고 부르는 이유와 print 함수 paste 함수

R 편집창을 source script window, R 코딩 파일을 텍스트 형태인 확장자 R 로 저장하면 source script file 이라고 한다.

의미 이해하기 위해, 영어를 먼저 하자. 가져와 쓰다source[sɔːrs] 그리고 문서 script[skript] 이다.

문서 가져와 쓰다를 명사 형태로 바꾸면, sourcing a script처럼 된다.

문서를 읽고 실행하는 source 함수가 실제로 있다. 여기서 나온 것이다.

중요한 것은 이렇게 텍스트 문서를 작성해서 한꺼번에 가져와 실행한다는 의미는, 대화형으로 작동하지 않는다는 것이다.

그래서 print 함수와 paste 함수가 나오는 것이다. print 다음의 것을 출력하게 하는데, 이제 대화형도 아니고 한꺼번에 쭉해서 출력하는 것이니까, 좀 이것저것 설명하는 글도 넣고 해서 붙인다는 의미의 paste 함수가 같이 보통 들어간다.

표준점수를 만들고 또 구성요소 하나하나를 설명문과 같이 출력하게 해본다.

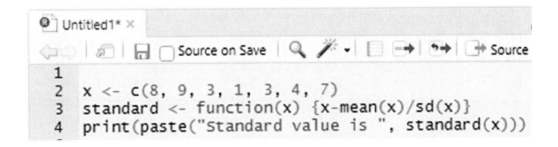

이전에는 문서 전체를 마우스로 선택하고 ➡ 눌러 실행하였지만, 이번에는 그냥 Source 누른다. 둘 다 같은 결과로 이어진다.

콘솔창에 나오는 결과물이다. 뭔가 결과물이 조금 친절해진 것을 느낄 수 있다. source 함수가 어떻게 작동하는지도 보고 이해할 수 있다.

> source("~/.active-rstudio-document")
[1] "Standard value is  6.33333333333333"

[2] "Standard value is 7.33333333333333"

[3] "Standard value is 1.33333333333333"

[4] "Standard value is -0.666666666666667"

[5] "Standard value is 1.33333333333333"

[6] "Standard value is 2.33333333333333"

[7] "Standard value is 5.33333333333333"

## 37  만들고 실행한 결과물인 작업공간 저장하지는 말자

R Studio 종료하면, 창이 하나 뜬다. Save workspace image to .RData 라고 묻는다. 작업공간 이미지 workspace image 저장 여부를 묻는 것이다. 작업공간 이미지가 저장되면 만들어지는 파일의 확장자가 .RData 이다.

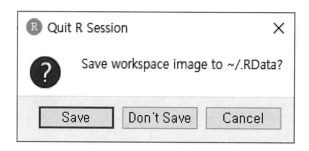

내가 만들고 실행한 것이 작업공간 이미지이다. 벡터, 데이터프레임, 함수 등 전부이다.

여기서 중요한 것은, 실행을 완료한 상태로 저장한다는 점이다. 저장하고 난 다음에 나중에 다시 R Studio를 열면, 모든 것이 다 실행되어 있는 상태로 열린다.

현재 작업하고 있는 컴퓨터 중앙처리장치 CPU RAM 어딘가 존재하는 임시공간이, 작업공간workspace 이다. 저장하지 않으면 없어진다.

여기서의 작업 내용이 image 이다. 여기서 image 단어는 흔히 우리가 생각하는 시각적 이미지가 아니다. 그냥 복사본copy 의미이다.

R이 저장 여부를 물으면, 언제나 저장하지 말자!

비유적으로 설명한다. 내일 다시 나의 인생을 시작할 수 있다면, 실행까지 다 끝난 나를 일부러 다시 가져갈 필요가 있을까?

기억만 가져가고, 기억한 내용을 내일 다시 실행시키는 게 낫지 않을까? 그러면 새 인생을 더 잘 시작할 수 있지 않을까? 저장한 그대로 두고 내일 생각해보고 여전히 좋으면 그대로 실행시키고, 아니면 기억하고 있는 내용을 조금 손보아서 다시 실행시키면 더 좋은 내일이 되지 않을까?

하여튼 실행까지 시킨 나를 미래로 가져갈 필요는 없다!

그러면 현실적으로는 무엇을 어떻게 저장해야 할까? 편집창에서 작업한 텍스트 파일을 저장하자.

File Save as 하고 나타나는 창에서 파일이름을 정한다.

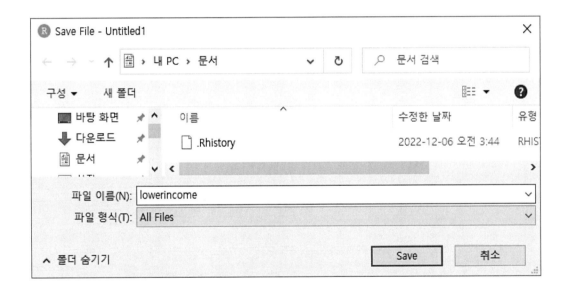

이런 파일을 script file 이라고 한다. 그냥 텍스트 파일이다. 내가 작업하기도 편하고, 남에게 건네 주기도 편한 방식이다.

저장하면 이제 파일관리창에도 변화가 있다. 파일 lowerincome.R 하나가 추가되어 있다. 확장자가 R 이라는 점을 눈여겨 보자.

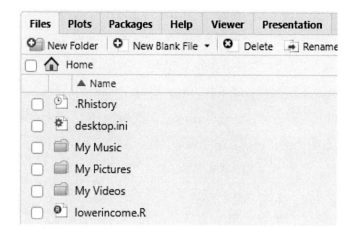

## 38 좌표 찍기 plot

R에서는 단어 plot[plɔt] 의미 그대로 좌표 찍는 기능으로 사용된다.

plot 다음에는 좌표를 구성하는 x값 y값 두 개가 들어오는 것이 기본이다.

plot 다음 괄호 안 각각 1, 2 좌표를 설정한다. 그림에서 점 좌표는 (1, 2), 각각 가로와 세로를 나타난다.

> plot (1, 2)

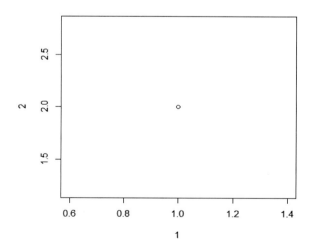

여러개를 할 수도 있다.

> plot(c(1, 2, 3, 4), c(3 ,4, 5, 5))

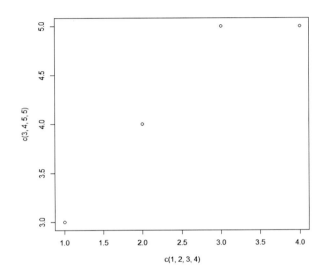

가로축 세로축 각각을 변수로 정해서 값을 부여할 수도 있다.

> x <- 1:5
> x
[1] 1 2 3 4 5

> y <- 2 * x +1
> y
[1]  3  5  7  9 11

> plot(x, y)

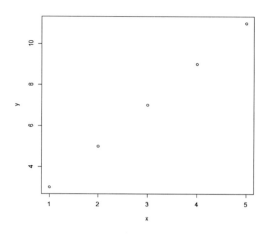

함수를 제시할 수도 있다. 이런 경우 괄호안에 함수, x축 시작, x축 종료 순으로 입력한다. 3.14에 가까운 숫자인 원주율이 pi 이다.

> plot(sin, 0, 2*pi)

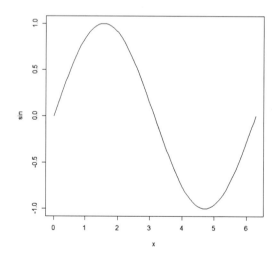

이번에는 종료점을 pi 까지로 변경해보자! 일반적으로 쓰는 각도 개념으로는 180°에 해당한다.

〉 plot(sin, 0, pi)

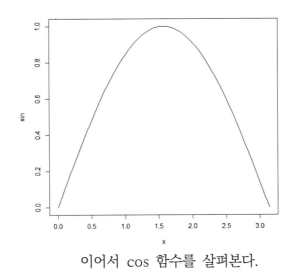

이어서 cos 함수를 살펴본다.

〉 plot(cos, 0, 2*pi)

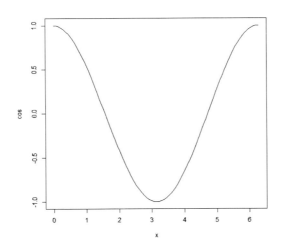

tan 함수에서는 R 그래프가 y축에서 무한대 숫자를 어떻게 표현하는지 알 수 있다. pi 개념과 비슷하게 계산을 쉽게 하기 위해 정한 값이 자연상수 e 이다.

> plot(tan, 0, 2*pi)

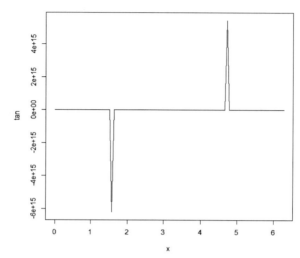

처음에 얘기하였듯이, plot 다음에는 좌표를 구성하는 x값 y값 두 개가 들어오는 것이 기본이다.

R은 유연한 언어라서, x값이 없으면 1부터 시작해서 자동적으로 대응시킨다.

> plot(4)

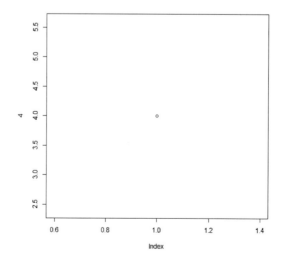

이런 작동도 흥미롭다.

> plot(c(1,2,3,5,6,7,8,8))

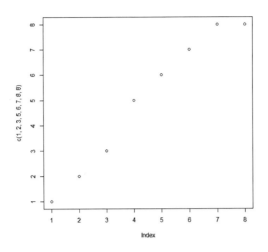

**데이터프레임 plot**

체중 벡터 w, 키 벡터 h 둘을 합쳐본다. body 이름을 가진 데이터프레임이 나온다.

> w <- c(50, 70, 60)
> h <- c(165, 170, 175)

> body <- data.frame(w, h)
> body
   w    h
1 50  165
2 70  170
3 60  175

이러한 데이터프레임으로 좌표를 찍어보자! 이제 제목과 x축 y축 설명도 넣어본다. 'x 축 표시 x axis[ǽksis] label[léibəl]' 표현이 xlab 이다.

〉plot(body, main = "키와 몸무게", xlab ="몸무게", ylab = "키")

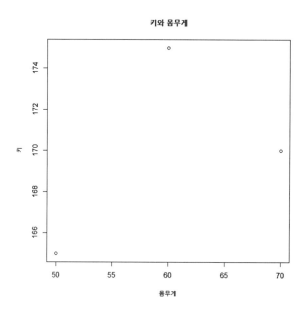

---

**좌표 실제 나오는 방식 type**

그래프 출력 선택사항이 type 이다. 실제 나오는 방식을 제시한다. # 다음에 나오는 내용은 작동에 영향 없는 설명문이다.

〉plot(c(1,2,3,5,6,7,8,8), type = "l") # l = line 선

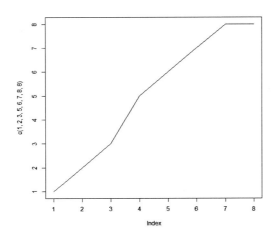

〉 plot(c(1,2,3,5,6,7,8,8), type = "h") # h = height 높이

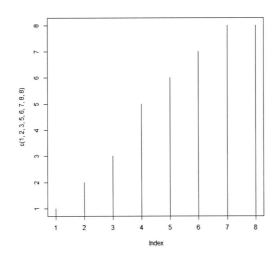

〉 plot(c(1,2,3,5,6,7,8,8), type = "b") # b = both 선과 점 둘 다

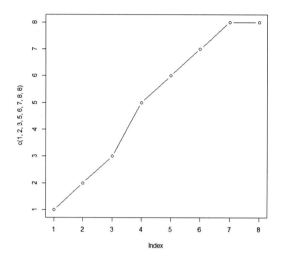

〉 plot(c(1,2,3,5,6,7,8,8), type = "o") # o = overplotted 점 위로 선

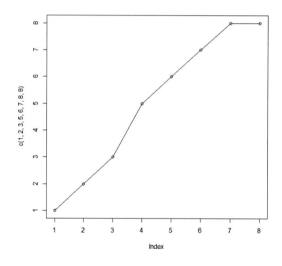

〉 plot(c(1,2,3,5,6,7,8,8), type = "s") # s = stair steps 작아보이는 계단

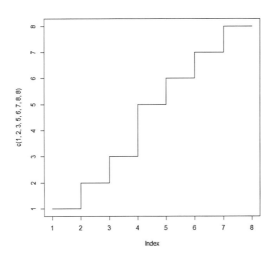

소문자 s를 대문자로 바꾸면 계단이 더 커 보이게 된다.

〉 plot(c(1,2,3,5,6,7,8,8), type = "S") # S = STAIR STEPS 커보이는 계단

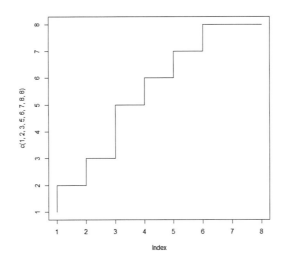

## 41 polygon 비어있는 좌표를 만든 이후에 다각형 그리기

polygon[pɔ́ligə̀n] 어원은 'poly 많은 gon 각'이다. 다각형 그리기 함수이다. 먼저 비어있는 좌표를 만든다. 중심점을 설정하고, 점의 색깔을 흰색으로 하면 된다.

> plot(5, 5, col = "white")

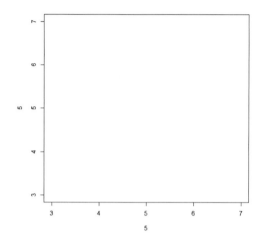

가로축과 세로축 좌표를 polygon 다음 괄호에 입력한다. 찍히는 좌표가 (3,3) (4,7) (3,4) 이다.

> polygon(x = c(3,4,3), y = c(3,7,4))

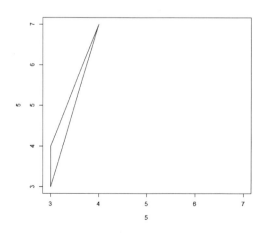

여기에 직사각형 하나를 추가해보자!

〉 polygon(x = c(4,5,5,4), y = c(3,3,7,7))

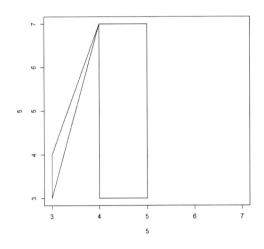

R Studio 편집창을 써보자! 편집 화면에서 동일한 명령어를 입력해보자.

화살표가 오른쪽으로 향하는 ➡ 누르면 실행된다. 선택된 부분이나 현재 줄을 실행한다는 게 영어 설명이다.

화면에서 보이듯, coin10times 라는 줄을 하나 더 추가한다. 다시 ➡ 눌러서 실행시킨다.

편집창이 아니라 콘솔창에 다음과 같이 결과가 나타난다. 이 결과는 동전던지기 10번을 했을 때 1에 해당하는 숫자가 나온 개수를 제시한 것이다.

새로 숫자를 무작위로 뽑는 것이라, 독자가 할 때 나오는 숫자는 당연히 아래와 다르다.

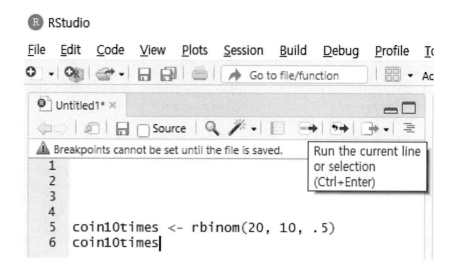

> coin10times
 [1] 5 5 4 6 6 4 6 6 6 4 6 5 5 4 8 5 6 8
[19] 6 7

이제 편집을 해보자. 마우스를 이용해 rbinom 함수가 있는 줄을 선택하고 오른쪽 버튼을 누른다.

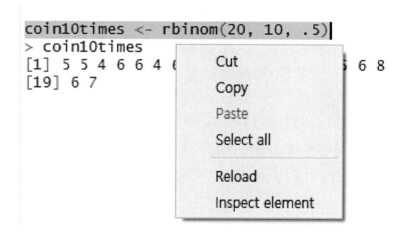

이런 식으로 다시 더 복사 붙이기를 해서 실행한다.

```
coin10times <- rbinom(20, 10, .5)
> coin10times
[1] 5 5 4 6 6 4 6 6 6 4 6 5 5 4 8 5 6 8
[19] 6 7
coin10times <- rbinom(20, 10, .5)
coin10times
```

콘솔창에 다시 새로운 난수값 벡터가 나온 것을 알 수 있다. 마찬가지로, 독자가 할 때 나오는 숫자는 아래와 다르다.

〉 coin10times

 [1] 3 4 4 6 4 7 3 3 6 6 5 4 5 5 7 5 2 3

[19] 7 5

만약 우리가 1이라는 숫자를 앞면으로 정했다면, 첫 번째와 두 번째 실행에 대해 이렇게 해석할 수 있다. 확률적으로는 10번 던지면 앞면이 다섯 번 나오지만 실제는 상당히 다르다.

첫 번째는 4번에서 8번까지 나왔다. 두 번째는 2번에서 7번까지 나왔다.

이번에는 100번 던지는 방식으로 다시 해본다. 두 줄을 한꺼번에 다 입력하고, 두 줄을 다 선택해서 실행 ➡ 누른다.

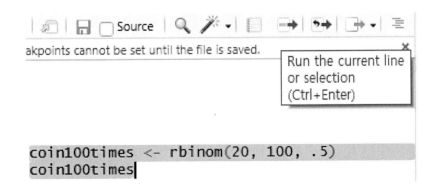

콘솔창에 결과가 뜬다.

```
> coin100times <- rbinom(20, 100, .5)
> coin100times <- rbinom(20, 100, .5)

> coin100times
[1] 43 52 50 44 57 54 60 47 55 45 45 59
[13] 53 50 47 38 53 42 53 52

> coin100times <- rbinom(20, 100, .5)
> coin100times
 [1] 58 56 42 45 55 46 45 43 49 51 48 49
[13] 51 49 56 50 57 47 45 57
```

이제는 달라진 것을 느낄 수 있다. 100번 던지니 앞면은 40대 50대에 거의 집중되어 있다.

실행횟수가 커지면 확률에 근접한다. 이것이 '큰수의 법칙'이다. 큰수의 법칙이 관찰되는 곳이 도박장이다.

도박을 꾸준히 하면, 큰수의 법칙이 작동한다. 반드시 망한다.

### 43 각 자리에 다른 걸 늘어놓는 경우의 수 팩토리얼factorial

무엇이 일어나는 혹은 어떤 사건이 생기는 혹은 무엇이 선택되는 것이, 경우의 수이다.

a,b,c 세 글자를 선택하는 경우를 생각해보자! 아무런 조건없이 선택이 가능하다면, 가능한 경우의 수는 3 × 3 × 3이다. 즉 27이다.

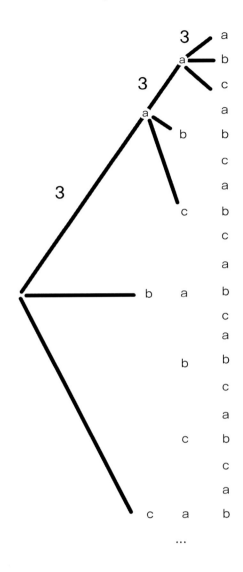

이번에는 한번 선택한 문자는 다시 선택할 수 없다는 조건을 달아보자! 질서있게 a,b,c를 늘어놓는 방식이다. 당연히 각 자리에는 하나만 들어갈 수 있다.

이렇게 각 자리에 다른 걸 늘어놓는 경우의 수를, 팩토리얼 factorial[fæktɔ́ːriəl] 이라고 한다.

R에서는 이 단어 그대로 쓰는 내장함수가 있다. a,b,c처럼 세 개가 있다고 하자!

```
> factorial(3)
[1] 6
```

결과가 6으로 나오는데, 다시 줄을 그어서 왜 그런지 살펴보자! 팩토리얼 6은 3 × 2 × 1 이다. 6이 결과물이다. 설명을 하자면 처음 글자는 세 개의 선택지, 두 번째 글자는 두 개의 선택지를 가진다. 나머지 세 번째 글자는 이미 두 글자가 선택되었기 때문에, 사실 사용할 글자가 고정된다. 하나만 남는 셈이다.

팩토리얼 4, 팩토리얼 5도 해보자!

```
> factorial(4)
[1] 24
```

```
> factorial(5)
[1] 120
```

여기서 하나 주의할 점이 있다. 팩토리얼 0 값은 1이다. 팩토리얼 0이란건 사실 현실에 존재하지 않는다. 하지만 계산에는 이 값을 쓰는 게 필요할 수 있다. 계산은 곱셈으로 다 이루어지기 때문에, 0으로 값을 매길 수 없다. 그러면 모든 팩토리얼 값이 다 0이 된다.

```
> factorial(0)
[1] 1
```

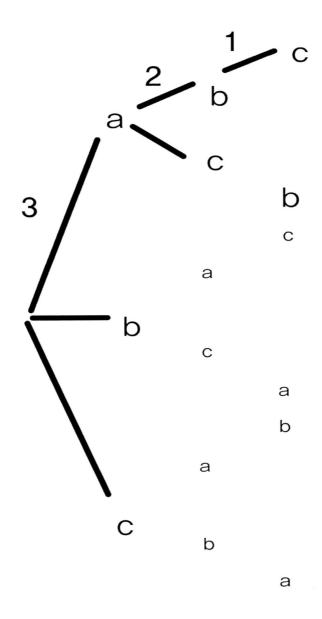

## 44  조합combination 공식없이 이해하기

이제 조합을 이해해보자. 최대한 공식을 쓰지 않고, 차분히 하나씩 이해해 전개하기로 한다.

먼저 가진 모든 걸 늘어놓는 게 아니라, 전체에서 몇 개를 뽑아 늘어놓는 개념이 나온다.

a, b, c, d에서 두 개를 뽑을 수 있는 가능성은 무엇인가? 이제는 아까처럼 쉽게 표현이 어렵다. 그래도 아까의 느낌을 가지고, 생각해보자!

두 개를 뽑을 때 첫 번째에서 선택할 수 있는 가능성은 4가지이다. 두 번째에서 선택할 수 있는 가능성은 한 가지가 줄었으니까 3가지이다. 4 곱하기 3이다.

맞는지 직접 해보자!

a, b

b, a

a, c

c, a

a, d

d, a

b, c

c, b

b, d

d, b

c, d

d, c

맞다! 한데 조합은 팩토리얼 할 때와 달리 순서를 상관하지 않는다. 두 개를 순서 신경쓰고 늘어놓는 가지수는 2 × 1 이다. 앞서 했던 방식 그대로이다.

결국 나온 12개의 순서 신경을 쓴 묶음을 2로 나누어주면 된다. 다음과 같이 6개이다.

a, b

a, c

a, d

b, c

b, d

c, d

맞는지 R 돌려보자! 앞서 얘기했듯이, 조합 내장함수 이름은 choose 이다. 괄호 안에는 전체 개수와 선택하는 개수를 입력한다.

> choose(4,2)
[1] 6

먼저 한 부분을 다시 풀어서 이야기하면, 두 개씩만 묶으니까 $4 \times 3 \times 2 \times 1$ 이 아니라 뽑는 앞의 두 개 $4 \times 3$ 만 한 것이다.

이 부분은 이렇게 이해할 수 있다.

$$\frac{\text{전체 개수의 팩토리얼}}{\text{전체 개수에서 뽑는 개수를 뺀 숫자의 팩토리얼}}$$

여기에서 순서를 따지고 중복되는 묶음을 다 빼주려면 뽑는 개수의 팩토리얼을 나누어주면 된다.

그래서 이렇다.

$$\frac{\text{전체 개수의 팩토리얼}}{\text{전체 개수에서 뽑는 개수를 뺀 숫자의 팩토리얼}} \div \text{뽑는 개수 팩토리얼}$$

전체 개수가 4 뽑는 수가 2이니 각 부분 팩토리얼은 다음과 같다.

```
> factorial(4)
[1] 24

> factorial(4-2)
[1] 2

> factorial(2)
[1] 2
```

24를 2로 나누고, 다시 또 2로 나누면 6이다.
이번에는 a, b, c, d, e 전체 다섯에서 2를 뽑는 경우를 해보자!

```
> choose(5,2)
[1] 10

> factorial(5)
[1] 120

> factorial(5-2)
[1] 6

> factorial(2)
[1] 2

> 120/6
[1] 20

> 20/2
[1] 10
```

맞나 R을 돌려보자!

> choose(5,2)
[1] 10

한번만 더 해보자! a, b, c, d, e, f, g 7개가 전체이다. 3개를 뽑는다.

> factorial(7)
[1] 5040

> factorial(7-3)
[1] 24

> factorial(3)
[1] 6

> 5040/24
[1] 210

> 210/6
[1] 35

> choose(7, 3)
[1] 35

마지막으로 머리로 그려보자. 세 개의 철자를 고를 때 선택의 가능성은 7, 6, 5 이다. 7 × 6 × 5 하면 210이다.

선택된 세 글자의 묶음은 순서를 신경써서 늘어놓았다. a, b, c를 고른 경우에는 다른 순서로 늘어놓을 수 있는 가능성이 3의 팩토리얼이다. 3 × 2 × 1 이다. 앞에서 한 것 그대로이다.

그래서 6으로 나누어준다. 210을 6으로 나누어서, 순서와 상관없는 묶음을 만든다. 조합의 수는 그래서 35이다.

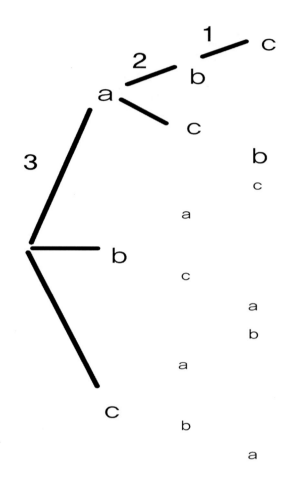

## 45 조합과 파스칼 삼각형

파스칼 삼각형을 알면 조합을 또 다른 시각에서 이해하게 된다. 다음 그림3)에서 살펴보자!

각 행 왼쪽 오른쪽 끝이 1이다. 안쪽 숫자는 1이 아닌데, 위쪽 두 숫자의 합이다.

---

3) https://en.wikipedia.org/wiki/File:PascalTriangleAnimated2.gif 2008.4.18. Hersfold

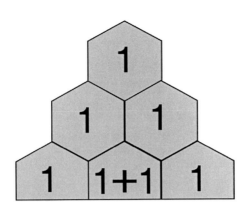

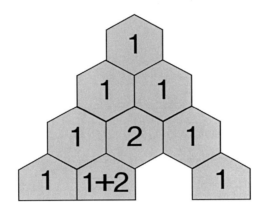

파스칼 삼각형의 제일 위 1 숫자는 의미가 없다. 그냥 모양을 맞추고 있을 뿐이다.

두 번째 줄이 나타내는 것은 (a+b)이다. a와 b라는 변수 앞에 붙는 계수가 모두 1이다. 그래서 1 1 이다.

세 번째 줄이 나타내는 것은 (a+b)(a+b)이다. 계산하면 $a^2+2ab+b^2$ 이다. 그래서 1 2 1 이다.

네 번째 줄은 (a+b)(a+b)(a+b)이다. 계산할 필요없이 위키피디아 영문판 Pascal's Triangle 그림을 보자. 1 3 3 1 이니까, 다음과 같을 것이다.

$$a^3 + 3a^2b + 3ab^2 + b^3$$

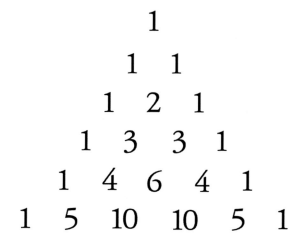

삼각형이 두 개가 나오는데 이유가 있다. 두 번째 삼각형은 조합을 나타낸다. 계산하면 숫자가 동일하다.

첫 번째 줄을 보자. 주의할 점이 있다. 계산결과는 1이지만, 조합의 구성요소는 다 0이다. 그래서 괄호안 위쪽 아래쪽 둘 다 0인 것이다.

$$\binom{0}{0}$$

물론 별 의미는 없다. 전체 0에서 0개를 뽑아 묶는 것이기 때문이다.

> choose(0, 0)
[1] 1

여기서부터 쭉 주의하자! 괄호안 위쪽 숫자인 전체 개수가 둘째 줄부터 1부터 시작해 하나씩 증가하지만, 아래쪽 숫자인 묶음을 구성하는 개수는 0부터 시작한다. 그래서 두 번째 줄 첫 번째 괄호안에 위쪽 숫자는 1이지만 아래쪽은 0이다.

$$\binom{1}{0}$$

두 번째 줄을 보자. 1 1 이다.

> choose(1, 0)
[1] 1

> choose(1, 1)
[1] 1

세 번째 줄은 1 2 1 이다.

> choose(2, 0)
[1] 1

> choose(2, 1)
[1] 2

> choose(2, 2)
[1] 1

네 번째 줄은 1 3 3 1 이다.

> choose(3, 0)
[1] 1

> choose(3, 1)
[1] 3

> choose(3, 2)
[1] 3

> choose(3, 3)
[1] 1

다섯째 줄은 결과가 1 4 6 4 1 이다.
여기서 오른쪽으로 3번째를 보자! 전체 4개에서 2개로 묶는 조합이다.

$$\binom{4}{2}$$

아까의 질문과 동일하다. a, b, c, d에서 전체 네 개에서 두 개로 묶을 가능성
은 무엇인가? 다음의 6개이다.

a, b
a, c
a, d
b, c
b, d
c, d

이에 해당하는 위쪽 삼각형을 보면 1 4 6 4 1 이다. 즉 계산을 안해도 파스칼 삼각형을 만들어보면 알 수 있는 것이다.

여기서 질문이 있다! 왜 파스칼 삼각형과 조합의 구성이 맞아들어가는 것일까?

예를 들어 네 번째 줄은 (a+b)(a+b)(a+b) 경우를 보자! 어떻게 보면 곱셈이지만, 다르게 보면 선택으로 볼 수 있다. 직관적 설명이다! 각자 생각해보자!

$$a^3+3a^2b+3ab^2+b^3$$

## 46 기댓값, 이항분포 기댓값, 이항분포 확률 계산

수업을 듣는 학생 10명에게 천원짜리 복권을 판매한다고 생각해보자! 1등 오천원, 2등 이천원, 3등 천원 상금을 정한다.

이 천원짜리 복권의 기댓값은 얼마인가? 그렇다! 천원이 되지 않는다. 800원이다.

시중 복권은 이것보다 훨씬 더 박하다. 큰수 법칙 기억하고, 복권은 사지 말자!

그렇다면 이항분포에서 기댓값은 어떻게 될까? 두 가지 결과가 있으면, 이항분포이다. 동전던지기가 대표적이다.

어떤 분포가 이항분포binomial distribution 라고 말하기 전에, 주의해야 한다. 각 시행이 독립적이라는 점이다. 동전던지기에서처럼 이전 결과가 이후 결과에 영향을 미쳐서는 안 된다.

동전을 열 번 던졌을 때, 앞면이 나오는 횟수의 기댓값은 얼마인가?

10×0.5=5이다.

이번에는 이항분포 확률계산을 해본다. 세 개의 컴퓨터가 사무실에 있다. a, b, c 라고 각각 한다. 10년 후에 쓰게 될 확률이 0.1 이라고 하자! 당연히 10년 후에 쓸 수 없을 확률은 0.9 이다. 1 - 0.1 = 0.9 이다.

여기서 각 시행은 독립적이다. 각각 다른 컴퓨터이기 때문이다. 이런 경우 모든 경우의 수와 각각의 확률을 따져보자!

다음의 경우의 수와 확률을 보면 바로 이해가 될 것이다.

|  | a | b | c | 확률 |
|---|---|---|---|---|
| 쓸 컴퓨터 0대 | × | × | × | 0.9×0.9×0.9=0.729 |
| 쓸 컴퓨터 1대 | ○ | × | × | 0.1×0.9×0.9=0.081 |
|  | × | ○ | × | 0.9×0.1×0.9=0.081 |
|  | × | × | ○ | 0.9×0.1×0.1=0.081 |
| 쓸 컴퓨터 2대 | ○ | ○ | × | 0.1×0.1×0.9=0.009 |
|  | × | ○ | ○ | 0.9×0.1×0.1=0.009 |
|  | ○ | × | ○ | 0.1×0.9×0.1=0.009 |
| 쓸 컴퓨터 3대 | ○ | ○ | ○ | 0.1×0.1×0.1=0.001 |

**합**    **8개의 경우의 수**

$$0.729+(3×0.081)+(3×0.009)+0.001=1$$

다시 이항분포 확률만 정리하자면 다음과 같다.

| 쓸 컴퓨터 0대 | 1×0.729 |
|---|---|
| 쓸 컴퓨터 1대 | 3×0.081 |
| 쓸 컴퓨터 2대 | 3×0.009 |
| 쓸 컴퓨터 3대 | 1×0.001 |

공식을 가져올 생각은 없고, 보이는대로 정리해보도록 하자! 0.1과 0.9를 곱해 나가는 과정이 뒤에 있다. 그리고 앞에 있는 부분이 1 3 3 1 이다.

어디서 본 듯한 느낌이 들지 않을까? 바로 조합이다. 전체와 선택하는 개수가 만들어내는 조합 숫자이다.

그렇다면 다음과 같이 정리한다.

이항분포 특정횟수 성공확률=

조합개수×(성공확률)$^{성공횟수}$×(1-성공확률)$^{전체횟수-성공횟수}$

조합개수를 한번 R에서 확인해본다.

```
> choose(3, 0)
[1] 1
```

```
> choose(3, 1)
[1] 3
```

```
> choose(3, 2)
[1] 3
```

```
> choose(3, 3)
[1] 1
```

파스칼 삼각형도 한번 가져와 확인해본다!

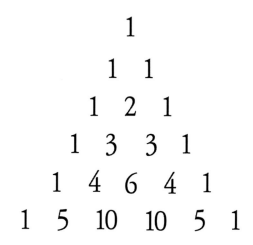

$$1$$
$$1 \quad 1$$
$$1 \quad 2 \quad 1$$
$$1 \quad 3 \quad 3 \quad 1$$
$$1 \quad 4 \quad 6 \quad 4 \quad 1$$
$$1 \quad 5 \quad 10 \quad 10 \quad 5 \quad 1$$

5대의 컴퓨터 중 4대가 계속 작동할 확률은 얼마일까? 삼각형에서 살펴보자! 조합 수는 5이다. 파스칼 삼각형에서의 5 4 결과로서도 나오는 이 5라는 값이 다음 계산식의 처음에 등장한다.

$5 \times (0.1)^4 \times (0.9)^1 = 0.00045$

R을 써서 확인해볼 수 있다! dbnom 함수이다. 이항분포 확률밀도함수 probability density function of the binomial distribution에서 나온다. x, size, prob 순으로 괄호를 채운다. 성공횟수, 전체횟수, 성공확률 순이다.

```
> dbnom(x=4, size=5, prob=.1)
[1] 0.00045
```

## 47 t값이나 표준점수로 비교가 가능하다

이렇게 어떤 값에서 평균을 뺀 차이를 표준편차로 나눈 점수를, 표준점수 standard score 라고 한다. z 값 이라고 부르기도 한다.

```
> income <- c(2, 3, 3, 5, 7)
> mean(income)
[1] 4
> sd(income)
[1] 2
```

```
> income2 <- c(1, 1, 3, 3, 4, 7, 9)
> mean(income2)
[1] 4
> sd(income2)
[1] 3
```

income2 집단에서 1 연봉을 받는 사람과 income 집단에서 2 연봉을 받는 사람을 비교하면 어떨까?

표준점수를 사용하면, 상대적 위치가 동일하다는 것을 알 수 있다. income2 집단의 평균이 4이고 표준편차가 3이라 1 버는 이의 표준점수는 -1이다. income 집단에서 2 버는 이와 동일하다.

표준점수를 활용하면, 두 평균간 차이가 정말 있는지도 파악할 수 있다. 표준화하기 때문이다.

평균비교의 경우, t값이 등장한다. 일단 표준점수와 비슷한 개념이라는 정도만 알아두자! 표본이 30 이상으로 크면, t값과 z값은 사실 같아진다.

## 48 표준정규분포와 정규분포

정규분포란 무엇인가? 한번 생각해보자! 생각이 나지 않아도, 나름대로 표현을 해보자!

이론적 기준인 표준정규분포를 그린다. 바로 앞 장에서는 mean sd 두 내장함수 이용한 표준점수 계산을 다루었다. 이러한 표준점수로 만든 정규분포가 표준정규분포이다.

평균이 0, 표준편차가 1이다.

x 변수를 -2에서 2까지 이어지며 0.1 단위로 커지는 숫자 덩어리로 구성해보자.

> x <- seq(from=-2, to=2, by=0.1)

> plot(x, dnorm(x))

이렇게 두 줄을 입력하고 엔터 키를 누른다. 표준정규분포가 나타난다.

그림의 세로축은 무엇을 의미할까? 내장함수가 나타내는 것은 정규분포에서의 확률밀도함수probability density function 이다.

밀도density[dénsəti] 정규분포normal distribution 두 단어가 합쳐져 dnorm 이라는 내장함수 이름이 만들어진다.

정규분포 확률밀도함수 공식은 다음과 같다.

$$f(x) = \frac{1}{\sqrt{2\pi}\sigma} e^{-(x-\mu)^2/2\sigma^2}$$

(mu) = 모집단 평균
(sigma) = 모집단 표준편차
$e \approx 2.718$
$\pi \approx 3.14$

112

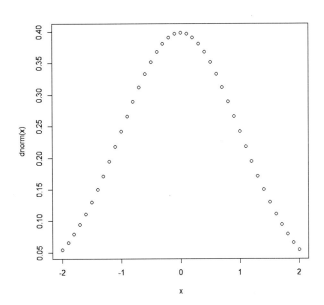

표준정규분포가 아니라, 정규분포를 다루어 보자! 잠시 정리하자면 정규분포 중 하나가 표준정규분포이다.

하여튼 표준점수가 아닌 실제 현실 값에 기준한 이론적 분포인 정규분포를 다루어 본다.

우리나라 성인남녀 키 정규분포로 시작해보자. 평균이 170 이라고 가정하자. 표준편차는 10이다. 그렇다면 95% 성인 인구가 평균을 기준으로 표준편차의 두 배 플러스 마이너스 구간에 놓여 있다. 150~190 신장 성인인구가 전체 95%이다.

우리가 조사할 때는 소수점 없이 정수 단위로 응답자에게 물어서 조사한다고 가정하자! 그림을 그려서 제시할 범위는 95% 구간인 150~190 이다.

```
〉 x 〈- seq(from=150, to=190)
〉 x
```

[1] 150 151 152 153 154 155 156 157 158 159 160 161 162 163 164 165 166 167

[19] 168 169 170 171 172 173 174 175 176 177 178 179 180 181 182 183 184 185

[37] 186 187 188 189 190

이전과 마찬가지로 정규분포를 그리는데, 이번에는 추가된 부분이 있다. type = 'l' 이다. 영어로 line, 그러니까 선으로 그리겠다는 의미이다.

〉 plot(x, dnorm(x, 170, 10), type = 'l')

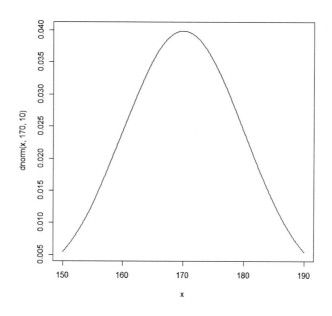

여기서 확률도 계산해 본다. 밀도함수에서 가로축 x 한 지점에서의 확률은 0 이다. 그래서 언제나 확률은 구간으로 계산한다.

정규분포 확률 계산 내장함수가 pnorm 이다. 확률probability [pràbəbíləti] 에서의 p 글자가 앞에 붙는다.

주어진 값보다 작은 면적을 구한다. 괄호 안 들어가는 순서는 구하는 값, 평균, 표준편차이다.

170보다 작을 확률은 그림에서 보아도 절반이다. 0.5이다.

〉 pnorm(170, 170, 10)
[1] 0.5

150보다 작을 확률은 0.02275013 이다. 150 왼쪽 영역의 확률이다.

```
> pnorm(150, 170, 10)
[1] 0.02275013
```

190보다 작을 확률은 0.9772499 이다. 여기에 간단한 계산을 해보자 1에서 0.9772499를 뺀 확률이 190 오른쪽 영역이다.

```
> pnorm(190, 170, 10)
[1] 0.9772499

> 1 - 0.9772499
[1] 0.0227501
```

왼쪽 오른쪽 자투리 두 값을 더해보자! 5%에 해당하는 0.05에 근접한다는 것을 알 수 있다.

```
> 0.02275013 + 0.0227501
[1] 0.04550023
```

그래서 평균을 중심으로 표준편차 ±2 구간 확률에 대해 95% 법칙을 이야기한다.

이 분포를 표준정규분포 바꾸어 보자. 표준정규분포는 언제나 평균 0 그리고 표준편차 1 이다.

```
> x <- seq(-2, 2, 0.1)
> x
[1] -2.0 -1.9 -1.8 -1.7 -1.6 -1.5 -1.4 -1.3 -1.2 -1.1 -1.0 -0.9 -0.8 -0.7
[15] -0.6 -0.5 -0.4 -0.3 -0.2 -0.1  0.0  0.1  0.2  0.3  0.4  0.5  0.6  0.7
[29]  0.8  0.9  1.0  1.1  1.2  1.3  1.4  1.5  1.6  1.7  1.8  1.9  2.0
```

마찬가지로 그려보자.

> plot(x, dnorm(x, 0, 1), type ='l')

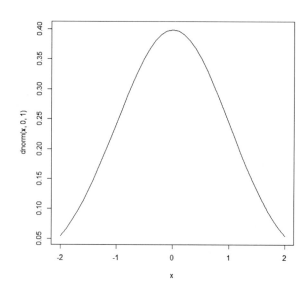

마찬가지로 확률을 구해보자. 표준정규분포와 정규분포가 x 축에서 표현하는 방식이 다를 뿐, 나타내는 바는 동일하다는 것을 알 수 있다.

> pnorm(0, 0, 1)
[1] 0.5
> pnorm(-2, 0, 1)
[1] 0.02275013

이번에는 표준정규분포 밀도함수에서 95% 구간을 그려보도록 한다. 이전 장부터 계속 나오는 -2, 2 경우는 사실 대충 입력하는 경우이다. 조금 더 정확한 수치는 1.96 이다.

다음 책 465쪽 내용을 그대로 가져온 그리기이다.

후나오 노부오. 2014.『R로 배우는 데이터 분석 기본기 데이터 시각화 2판』김성재 옮김 한빛미디어.

```
> plot(dnorm, -3, 3)
> xvals <- seq(-2, 2, length=50)
> dvals <- dnorm(xvals)
> polygon(c(xvals, rev(xvals)), c(rep(0, 50), rev(dvals)), col="gray")
```

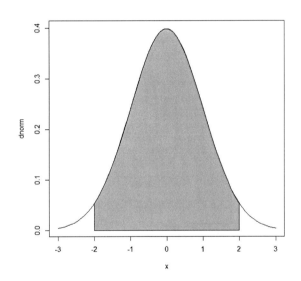

오른쪽 왼쪽 각각의 자투리 영역이 공백으로 표시된다. 합쳐서 5% 정도이다. 즉 0.05 이다.

회색gray 영역이 95% 이다. 여론조사 이야기할 때 많이 나오는 '95% 신뢰도' 이야기에서 바로 그 95%이다.

## 49 R commander 설치

바탕화면 R 아이콘을 누르면 RGui (64-bit) 화면이 나온다. **패키지들 패키지 (들)설치하기** 순으로 선택한다.

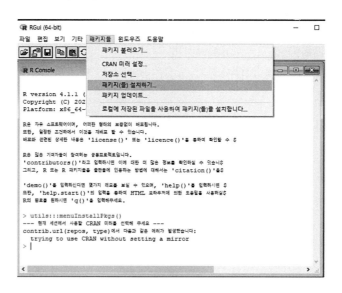

패키지 목록에서 **Rcmdr** 선택한다.

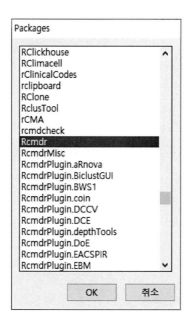

기본사양인 **O-Cloud [https]** 택한다. 가까운 곳으로 연결시켜준다.

나오는 패키지 목록에서 **Rcmdr** 선택한다.

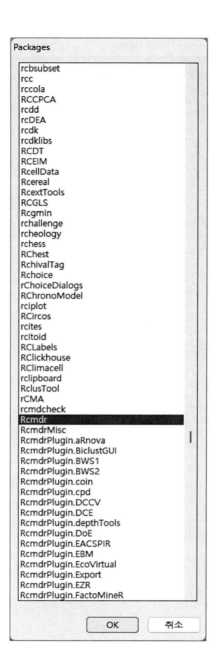

## 50　R Commander 데이터 입력

RGui 화면에서 **패키지들 패키지 불러오기...** 선택한다. 이후 나타나는 창에서 Rcmdr 선택하고, OK 누른다.

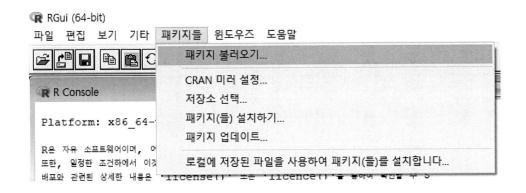

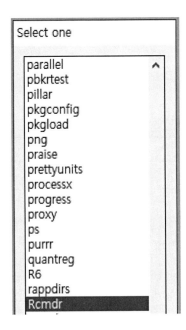

안 되면 R을 종료하고 다시 시작한 다음에 R Commander를 다시 시작해야
할 수도 있다.

이제 입력한다. **데이터 새로운 데이터셋** 선택한다.

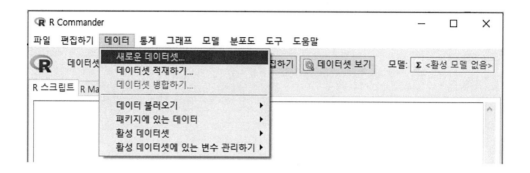

**새로운 데이터셋** 창이 나타난다. 설정된 기본값은 Dataset 이다. 이름을 바꾸
는 경우, 영어로 입력해야 한다.

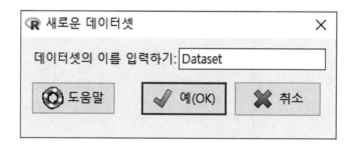

실제로 바꾸어 본다. 여기서는 **centraltendency** 입력한다. **예(OK)** 누른다.

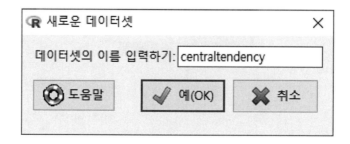

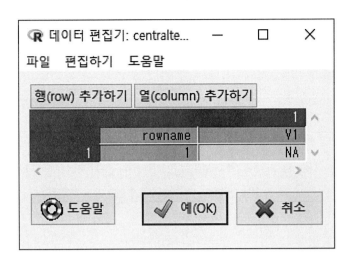

**행(row) 추가하기** 눌러서 가로 숫자를 5개까지 늘린다. 4번 누른 셈이다.

사실 행 추가의 경우 그냥 엔터 누르면 밑에 한 칸씩 저절로 늘어난다. 이번 경우는 그냥 입력 쭉 하면 진행된다.

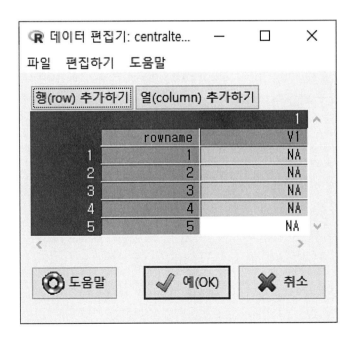

이 편집기는 사용하기 쉽지 않다. NA 글자를 삭제해야 입력되는 경우가 많다. 변수 이름 income 그리고 해당하는 다섯 명의 연봉을 만원단위로 각각 입력한다. 2000, 3000, 7000, 5000, 3000 순이다.

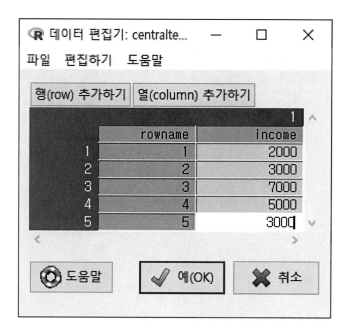

예(OK) 누르면 이 창이 없어진다. 메뉴 바로 밑에 **데이터셋:** 오른쪽에 centraltendency 라는 없던 글자가 나타난다.

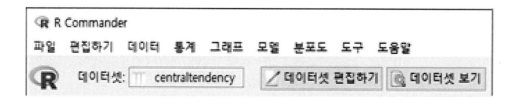

**데이터셋 보기** 누르면, 입력 상태를 확인할 수 있다.

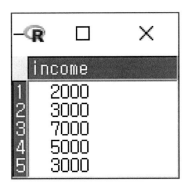

이대로 저장하려면, **데이터 → 새로운 데이터셋... → 활성 데이터셋 → 활성 데이터셋 저장하기** 선택한다.

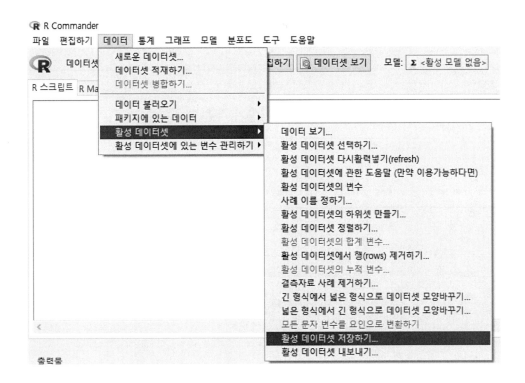

이제 원하는 곳에 저장하면 된다. .RData 확장자로 저장된다.

## 51 R Commander 중심경향 산포도

저장했던 파일을 꺼낸다. **데이터 데이터셋 적재하기...** 누른다. 싣다load [loud] 표현은 '적재하다'라고도 표현된다.

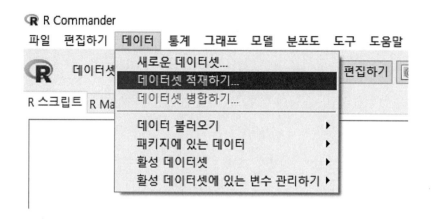

저장한 공간에서 데이터를 선택한다. **열기** 누른다.

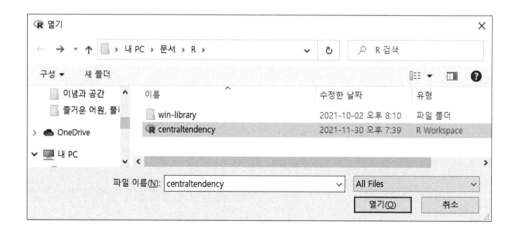

언제나 파일이 나오지는 않는다.

보고 싶으면 **데이터셋 보기** 혹은 **데이터셋 편집하기** 선택한다.

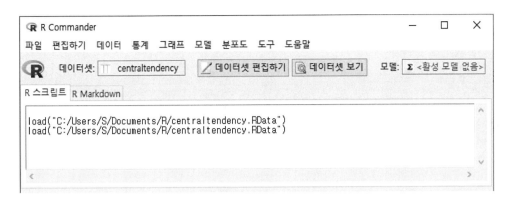

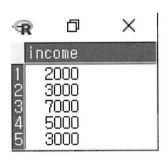

중간 정도의 값이 무엇인지 또 값들이 얼마나 흩어져 있는지 보려면, **통계  요
약  수치적 요약...** 누른다.

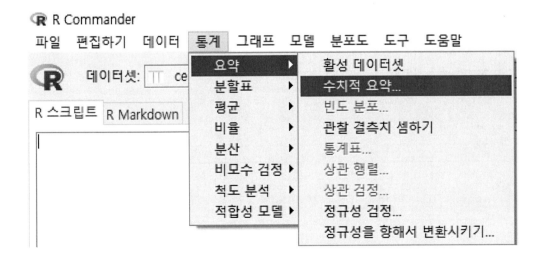

수치적 요약 창에서, income 예(OK) 누른다.

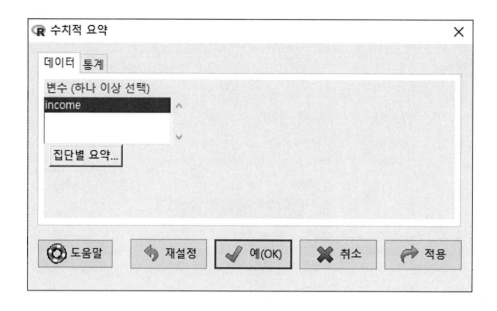

나타나는 창 아래쪽 '출력물' 부분을 살펴보자.

> summary(centraltendency)

```
     income
Min.     :2000
1st Qu.  :3000
Median   :3000
Mean     :4000
3rd Qu.  :5000
Max.     :7000
```

```
mean   sd    IQR    0%   25%  50%   75%  100% n
4000  2000  2000  2000  3000 3000  5000  7000 5
```

숫자가 여럿 있을 때, 간단하게 하나로 얘기하고 싶어진다. 요약하고 싶은 것이다. 중심에 대한 요약이 중심경향central tendency 이다.

평균 = 숫자를 다 더하고 개수로 나눔 = mean[miːn]
중위수 = 중간에 위치한 수 = median[míːdiən]

평균이 가장 많이 쓰인다. 모든 수를 다 반영하는 장점이 있다.

소득과 같이 다 더해 나누는 것이 문제가 있는 경우에는, 중위수를 쓰기도 한다. 몇몇 엄청난 부자가 평균을 터무니없이 올리기 때문이다.

중간에 中, 위치한 位, 수 數 이다. 숫자를 전부 쭉 늘여 세우면 제일 중간에 있는 숫자이다. 중간값 혹은 중앙값이라고도 한다.

1st Qu. 그리고 3rd Qu. 두 가지가 있는데 2nd Qu.는 보이지 않는다. 왜 그럴까? 숫자를 크기 순으로 쭉 늘어 놓는다.


2000, 3000, 3000, 5000, 7000


여기서 1/4이 중요하다. 영어로 Quarter[kwɔ́ːrtər]이다. 숫자를 크기 순서대로 나열해서 네 등분한다. 이런 네 덩어리를 구분하기 위해서는 세 지점이 필요하다.

두 번째 지점은 중위수와 일치한다. 2nd Qu.가 없는 이유이다.


First Quarter = 1st Qu. = 2000
Second Quarter = Median = 3000
Third Quarter = 3rd Qu. = 5000


산포도는 숫자들이 흩어져 분포해 있는 정도이다. 시험 성적으로 치면 점수차가 크게 나는지 아니면 작게 나는지를 보는 것이다.

예를 들어, 수학 점수는 대체적으로 넓게 흩어져 있다. 산포도가 큰 것이다.

흩어짐을 알아보는 가장 기본적 방법은 최대값과 최저값이다.

가장 작은 연봉인 2000만원이 **Mim. :2000** 이다. 가장 큰 연봉인 7000만원이 **Max. :7000** 이다.

통계 분석에서 가장 흔하게 쓰는 흩어짐은 표준편차이다. 출력물에서는 2000만원으로 나온다. sd = standard deviation.

sd
2000

각 값에서 평균을 뺀다. 이렇게 뺀 값을 그냥 더하면 언제나 0이 되어 버리기 때문에, 각각 제곱한다. 이 제곱값을 다 더해서 (수의 개수 - 1) 즉 n-1 값으로 나눈다. 제곱한 값이므로 다시 제곱근 √ 씌운다.

계산을 위해 연봉을 천만원 단위로 배열한다. 표준편차를 구해 보자.

2 　　　 3 　　　　 3 　　　　 5 　　　　 7

$(2-4)^2 = 4$　$(3-4)^2 = 1$　　$(3-4)^2 = 1$　　$(5-4)^2 = 1$　　$(7-4)^2 = 9$

$(4 + 1 + 1 + 1 + 9) / 4 = 16 / 4 = 4$

$\sqrt{4} = 2$

계산 결과는 2이다. 2천만원이다. 원래대로 0을 다 붙인 상태에서 계산해도 마찬가지 결과가 나온다.

R Commander 꺼내온 다음에, 다시 저장한 파일을 적재한다.

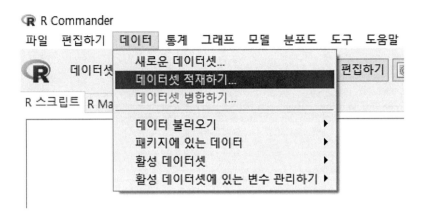

저장한 공간에서 데이터를 선택한다. **열기** 누른다.

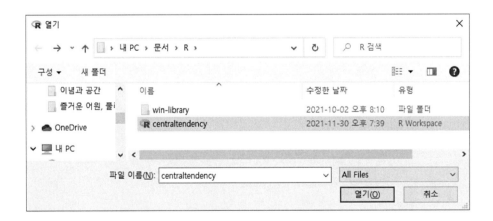

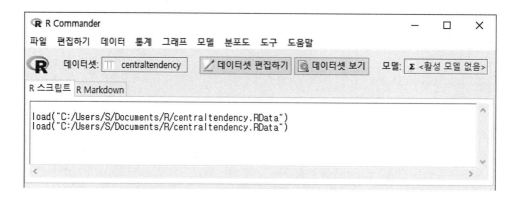

데이터셋 보기 누른다. 눌러도 나오지 않을 때는 바로 데이터셋 편집하기 선택한다.

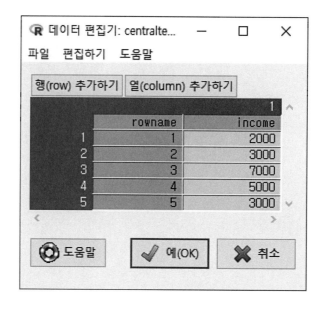

데이터 편집기 화면에서 제일 마지막 행을 클릭하면, 해당 칸이 하얀 색으로 바뀐다.

편집하기 선택하면, 간단한 편집 기능이 가능하다. 행을 하나 삭제해 보도록 한다. 현재 행(row) 제거하기 예(OK) 차례로 선택한다.

실행 이후에, 다시 데이터셋 편집하기 누른 화면이다. 맨 마지막 가로 줄이 사라졌다. 5번째 사례가 제거된 것이다.

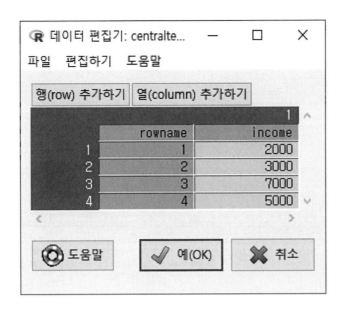

여기서 잠시 보이는 데이터셋 설명을 해본다. 하나의 행은, 하나의 사례 case 事例 이다. 조사하는 하나의 대상이다. 기업체 조사에서는 하나의 기업, 개인 대상 조사에서는 하나의 개인에 해당한다.

아래위로 뻗어 나가는 열은 하나 하나의 변수를 의미한다. 변수는 말 그대로 변하는 숫자 変数 이다. 여기에서 소득이 개인따라 숫자가 다른 것을 알 수 있다. 변하는 숫자로서의 소득 변수이다.

기술통계를 다시 돌린다. **통계   요약   수치적 요약...   income   예(OK)** 이다.

나타나는 결과물을 살펴보자. 마지막에 나오는 총 사례 숫자 n 경우에 4로 바뀐 것을 알 수 있다.

| mean | sd | IQR | 0% | 25% | 50% | 75% | 100% | n |
|------|-----|-----|------|------|------|------|------|---|
| 4250 | 2217.356 | 2750 | 2000 | 2750 | 4000 | 5500 | 7000 | 4 |

중위수에 해당하는 50% 부분을 보자. 4000 이라는 숫자가 어디서 나왔는지 의아하다.

짝수 데이터셋 경우, 당연히 중위값에 딱 해당하는 사례가 없다. 데이터셋에 나오는 네 명을 소득 순서대로 늘어세우면 딱 해당하는 개인이 없는 것이다. 그래서 가장 가까운 3천만원 연봉의 두 번째 그리고 5천만원 짜리 세 번째 개인의 소득 평균이 제시된 것이다.

$$\frac{3000+5000}{2} = 4000$$

이제 편집한 새로운 파일을 저장하려면, 이전과 마찬가지로 다음과 같이 하면 된다.

**데이터**
**새로운 데이터셋...**
**활성 데이터셋**
**활성 데이터셋 저장하기**

사례수가 4개라는 의미로 centraltendency4cases 라는 새 이름을 붙여서 저장한다.

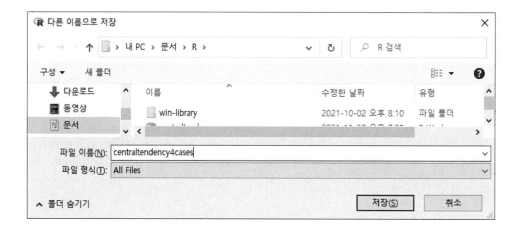

주어진 자료에 대한 묘사가 아닌, 확률을 가지고 얘기하는 확률통계로 넘어가 보자. 뽑히는 확률이 동일하게 무엇가를 선택하면, 무작위 표본추출random sampling 이다.

이렇게 선택된 사람이나 대상을 숫자 분석하면 확률통계이다. '95% 신뢰도 ± 3% 표준오차' 식의 이야기가 나오는 여론조사가 확률통계이다.

확률통계가 비확률통계보다 나은 것은 아니다. 단지 다른 접근법일 뿐이다.

확률통계는 맞을 확률을 제시한다는 것이 장점이다.

비확률 통계 역시 장점이 있다. 전문가 몇 명을 대상으로 한 조사 내용을 숫자 분석한 비확률통계는, 전문가의 전문성을 내세울 수 있다.

다시 무작위 표본추출로 돌아가자! 전남대 전체 학생을 대상으로 조사를 하고, 100명을 선택하려고 한다.

모집단population 전남대 학생이고, 표본크기sample size 100이다.

모든 출입구를 24시간 관리하면서 지나다니는 학생 10명마다 1명씩을 조사하면, 이 방식은 무작위 표본추출인가?

아니다! 동일하게 뽑히지 않기 때문이다. 아무리 머리를 짜내 더 나은 방법을 찾아내려고 노력해도, 이런 방식으로는 그냥 안 된다.

무작위 표본추출이 가능하려면, 목록이 있어야 한다.

목록이라는 부르는 것은 저자 나름의 방식이다. 이런 목록을 보통은 표본틀 sampling frame 이라 부른다.

하여튼 이런 목록을 가지고 제비뽑기 방식으로 뽑아야, 동일한 확률이 보장된다.

그런데 현실적으로는 무작위 표본추출이 쉽지 않다. 모집단 목록을 확보할 수 있는 경우가 얼마나 될까? 전남대 학생 대상 조사를 하려고 하면, 어디에서 목록을 구할 것인가?

## 54 가설제기는 검사의 유죄 기소이다. 가설검정은 재판이다

다른 개념으로 넘어가보자!

통계학에서는 가설을 제기한다.

비유적으로 말하자면, 가설을 제기하는 것은 검사가 기소를 하는 것과 마찬가지이다.

가설은 어떤 문제가 있는가를 살핀다. 그래서 유죄라고 기소하는 것과 마찬가지이다.

다음 두 가지를 보자!

**새우깡 무게가 봉지에 적힌 90g이 아니어서, 소비자를 속이고 있다.**

**남녀 소득은 같아야 하는데, 그렇지 않아서 차별이 있다.**

비유를 계속한다. 유죄가 대립가설alternative hypothesis 이다. 연구가설 research hypothesis 라고도 한다.

무죄가 귀무가설null hypothesis 이다. 귀무가설 대신 0 의미로 영가설이라고도 한다. 한자로 영零 이다.

중요한 것은 대립가설이기 때문에, 그냥 가설이라고 하면 대립가설로 대체로 이해한다.

생각해보면 우리가 '가설검정'이라고 쓰는 표현도 정확하게는 '대립가설검정'이되어야 한다.

가설검정hypothesis test 과정과 빗댈 수 있는 것은 재판이다. 유죄 무죄를 가리듯이, 가설을 받아들일지 받아들이지 않을지 결정한다.

여기서 하나 생각해볼 점이 있다. 왜 유죄에 집착할까? 있는 것을 증명하는 것은 그래도 할만하지만, 없는 것을 증명하는 것은 정말 쉽지 않기 때문일까?

없음을 증명한다... 만약에 자동차 제조업자에게 차량에 문제가 없음을 증명하라고 한다면... 한번씩 생각해보자!

재판에서 생사람 잡을 확률이 유의확률significance probability 이다. 통계분석 돌리면 나오는, p값 p value 수치가 유의확률이다.

범인이 아닌 사람에게 유죄를 선고하는 것이 생사람 잡는 것이다. 1종 오류 type 1 error 이다. 다시 표현하자면, 1종 오류 범할 확률이 유의확률이다.

2종 오류도 있다. 범인을 무죄로 풀어주는 경우이다.

그렇다면 1종 오류와 2종 오류 중 무엇이 더 심각한가?

당연히 1종 오류이다. 범죄자를 풀어주는 것보다 당연히 생사람 잡는 것이 더 심각하다.

생사람 잡을 확률이 5%보다 작으면, 유죄를 확정짓는다. 유의확률이 0.5보다 작으면, 대립가설을 받아들인다.

범죄 드라마에서 왜 혈흔과 같은 유전자 증거에 집착할까? 99.9999% 정확하다고도 얘기한다.[4]

그러면 유의확률이 0.0001% 이다. 확률로 바꾸려면 0을 두 개 더 넣으면 된다.

그래서 생사람 잡을 확률이 0.000001 이다.

조사결과는 최대한 숫자로 바꾼다. 이유는 간단하다. 그게 더 쉽기 때문이다.

남자 혹은 여자라고 하나 하나 어렵게 입력하지 않고, 대신 미리 정해둔 숫자 1 2 입력하면 훨씬 쉽다.

동의 혹은 선호를 묻는 설문 문항도 마찬가지이다. 어렵게 "아주 싫어한다"라고 하나 하나 입력하지 않는다. 대신 정해둔 숫자를 쓴다.

여기서 숫자는 더 큰 숫자가 질문 변수의 더 큰 의미를 반영하도록 정하면 이해가 쉬워진다.

---

4) https://www.dna-worldwide.com/resource/530/paternity-profiles-and-probability

---

호감을 가진 정도를 조사할 때는 다음과 같이 한다.

아주 싫어한다 1
싫어한다 2
그저 그렇다 3
좋아한다 4
아주 좋아한다 5

물론 어떤 정보는 그냥 숫자부터 숫자이다. 성적 점수도 그렇고, 몸무게도 그렇다. 하여튼 숫자화된 정보의 측정수준은 네 가지로 분류된다. 명목nominal, 순서 ordinal, 등간interval, 비율ratio 이다.

저자보고 이름을 붙이라면, 이렇게 할 것이다. 명목 대신 이름, 등간 대신 점수 라고 부를 것이다.

이름(명목) 남녀와 같이 숫자가 그저 이름을 나타냄
순서 싫어하는 정도처럼 숫자가 순서를 나타냄
점수(등간) 수학시험이나 우울증 지수에서의 점수
비율 길이 무게와 같이 절대적 0 개념이 있는 숫자

수학점수나 우울증은 절대적 0 개념이 없다는 것이다. 수학 0점이나 우울증 항목 모두에 아주 즐거운 인생이라고 답해도, 0은 아니다.

수학 실력이 누구나 아주 조금은 있다. 아주 조금의 우울증은 누구에게나 있다.

### 57 통계분석 본질은 변수간 관계 여부 통계분석 실제는 측정수준

대부분 통계분석은 변수간 관계를 따진다. 이러한 변수 사이 관계를 연관 association 이라고 한다.

변수를 연결하면 본질적 의미를 다룰 수 있다.

성별과 소득 두 변수를 연결시켜야만, 남녀차별이라는 본질에 다가선다. 성별과 직급이라는 두 변수도 마찬가지이다.

의학 부문의 통계분석 사례를 한번 생각해보자! 중요한 질문은 이런 식으로 변수간 관계이다.

**스트레스 ∽ 수명**
**음주 ∽ 암 발병**
**수면시간 ∽ 치매 발병**

이런 본질적 질문에 구체적 현실성을 가지고 대답하는 것은 측정수준이다.
한데 이 책에서는 측정수준 대체제를 쓴다. 연속과 비연속이라는 변수의 속성이다.
측정수준과 연결시키자면, 이름 순서 둘이 비연속이다. 점수와 비율 둘은 연속이다.
이렇게 대체제를 쓰는 이유는, 이런 방식이 실제 분석에 더 맞아들어가기 때문이다.
연속 비연속에 따라서, 실제 측정방식이 달라진다. 비연속 연속을 다루는 평균비교에는 $t$ 값이 나온다. 비연속 비연속인 교차분석에서는 카이제곱 $x^2$ 값이 나온다.
비연속 연속을 분석과 연결시키는 내용이, 이 책에서 계속된다.

비연속 ∽ 비연속       $x^2$
비연속 ∽    연속        $t$

그런데 질문이 있다! 이러한 변수의 비연속 연속이라는 속성과 네 가지 측정수준은 서로 어떤 관계에 있을까? 관계가 있을까?
연속 비연속 이라는 변수의 속성을 측정수준으로 보아도 되는 것일까? 네 가지 측정수준 대신 이런 두 가지 측정수준이 성립 가능한가?

## 58  평균비교  남녀차별  비연속∼연속

excel 파일을 열어본다.

한국 성인남녀를 무작위 표본추출해서 10명씩 뽑는다는 가정에서, 숫자를 만들어 본다.

생각한 단위는 세전소득 백만원이다. 세금, 건강보험료, 공적연금 나가기 이전 총수입 3800만원이면 38이다.

| | A | B |
|---|---|---|
| 1 | group | income |
| 2 | female | 38 |
| 3 | female | 27 |
| 4 | female | 21 |
| 5 | female | 30 |
| 6 | female | 45 |
| 7 | female | 33 |
| 8 | female | 18 |
| 9 | female | 26 |
| 10 | female | 22 |
| 11 | female | 26 |
| 12 | male | 33 |
| 13 | male | 55 |
| 14 | male | 40 |
| 15 | male | 33 |
| 16 | male | 28 |
| 17 | male | 42 |
| 18 | male | 33 |
| 19 | male | 27 |
| 20 | male | 31 |
| 21 | male | 37 |

R Commander에서 **데이터  데이터 불러오기  Excel 파일에서...** 누른다.

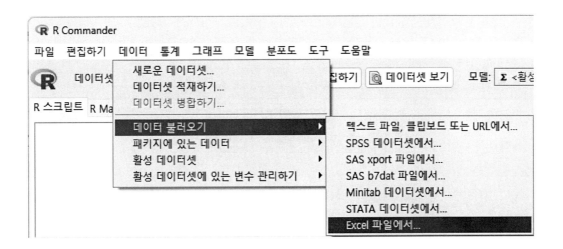

이름 입력하고, 첫 열의 변수 이름 부분은 그대로 유지한다.

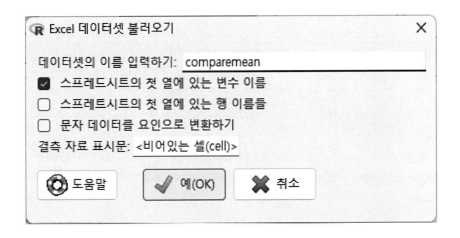

데이터셋 보기 누른다.

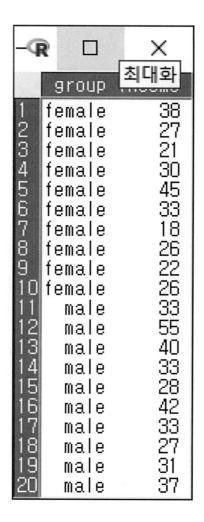

통계 평균 독립 표본 t-검정... 선택한다.

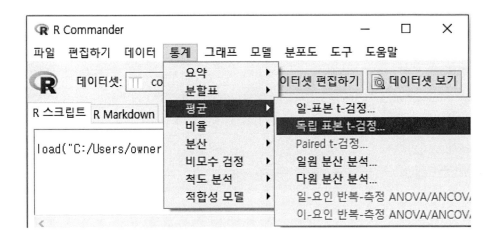

집단 group 반응변수 income 확인한다. **예(OK)** 누른다.

비연속 ∽ 연속 측정수준이 여기서 적용된다. 비연속은 성별이다. 연속은 소득이다.

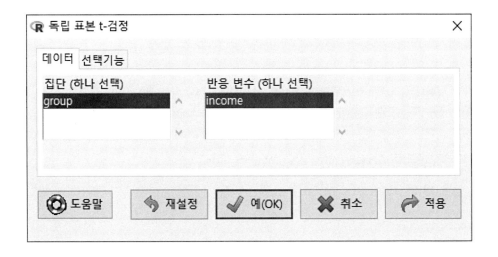

출력물 창에 다음과 같이 나온다. 전체가 아니라 몇 가지만 설명하도록 한다.

첫째 줄에 **t.test** 라고 나온다. 앞서 48장에서 t값 얘기하고 있다. 두 평균을 비교하기 위해 차이를 표준화 시킨 값이다.

둘째 줄의 **var.equal=FALSE** 이야기는 셋째 줄 Welch Two Sample t-test 와 연결된다.

평균비교의 전제 중 하나가 등분산이다. 두 집단 각각 값 흩어짐 차이가 크게 나지 않는다는 것이다.

다섯째 줄 p-value 이야기가 중요하다. 기준을 통상적으로 0.05로 잡기 때문에 대립가설은 기각되었다고 할 수 있다.

요즘은 대립가설이 수용되고 기각되고 그런 식으로 딱 잘라서 얘기하는 것을 꺼리는 분위기이다. 그냥 유의확률을 쭉 제시하는 방식을 택하는 경우도 있다.

여섯째 줄과 일곱째 줄은 대립가설alternative hypothesis 이야기이다. 두 집단 평균 차이가 난다는 가설을 세웠다는 이야기이다.

마지막 줄은 여자 남자 각각 평균값 28.6 35.9 이다.

```
> t.test(income~group, alternative='two.sided',
+    conf.level=.95, var.equal=FALSE, data=comparemean)


Welch Two Sample t-test

data:  income by group
t = -1.9833, df = 18, p-value = 0.0628


alternative hypothesis: true difference in means between group
female and group male is not equal to 0


95 percent confidence interval:
 -15.0329304    0.4329304


sample estimates:
mean in group female    mean in group male
              28.6                  35.9
```

두 집단 평균 차이가 없으면 t값은 0 근처 일 것이다. 표본크기가 어느 정도만 되면, t값은 z값과 비슷하게 나온다.

여자 값에서 남자 값을 뺀 값으로 계산하였기에 t 값이 음수이다. 이러한 t 값은 두 집단 평균차이에 차이값이 흩어진 정도인 표준편차를 나누는 방식이다.

유사한 표준점수 개념으로 생각하면 -2에 가까운 값은 종 모양 그래프에서 상당히 왼쪽에 치우쳐 있다.

그래서 유의확률이 낮게 나온다.

## 59  교차분석  R Commander에서 text 파일 열기

메모장에서 텍스트 파일을 만든다. 이렇게 영어로 입력하면, R에서 오류가 덜 난다.

일련번호에 이어서, 남자 male 여자 female 구분이 있다. 그 다음이 고위 higher 하위 lower 직급 구분이다.

파일 이름도 영어로 저장하자!

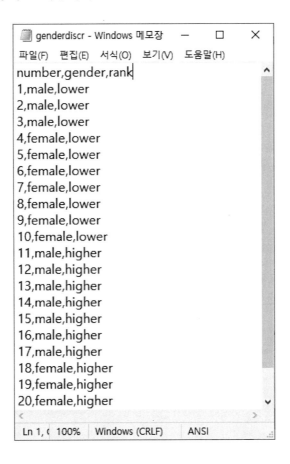

**패키지 불러오기... Rcmdr** 선택한다. 나타난 R Commander 화면에서 데이터를 불러온다.

**데이터 데이터 불러오기 텍스트 파일, 클립보드 또는 URL에서...** 이다.

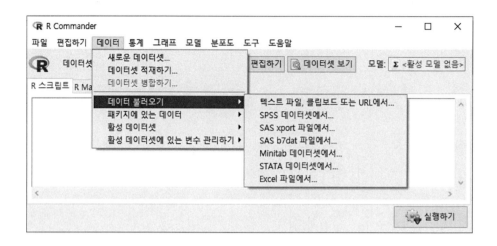

다음 창에서 꼭 **필드 구분자** 선택을 바꾸어준다.

**쉼표 [,]** 로 바꾸어준다. 데이터 구분하는 것이 쉼표라고 얘기해준다.

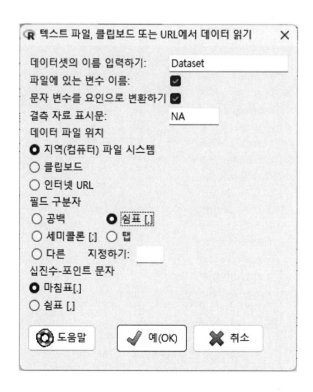

열기 창에서 파일을 마우스로 선택하고 **열기(O)** 누른다.

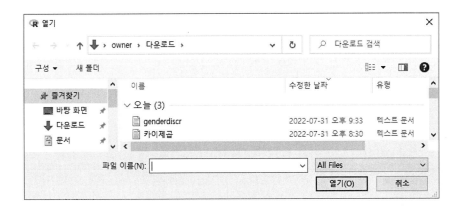

이제 파일이 보인다.

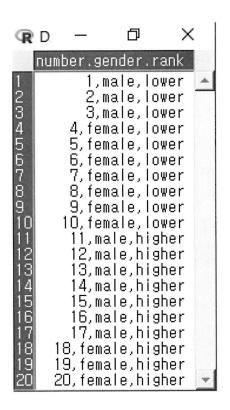

## 60 교차분석 남녀차별 비연속∽비연속

**통계 분할표 이원표...** 순이다.

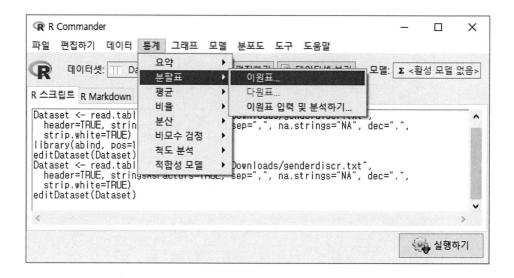

원인에 해당하는 것을 **행 변수** 선택한다. 성별gender 이다. 열 변수는 결과에 해당하는 직급rank 선택한다.

두 변수 다 비연속이다. 비연속 ∽ 비연속 측정수준 분석이다.

출력물 창에 결과가 나와 있다.

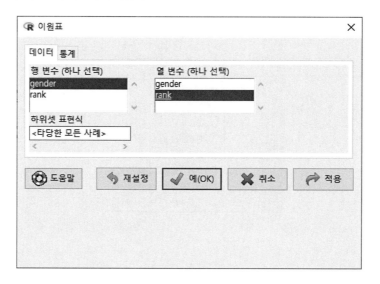

Frequency table:

```
         rank
gender  higher  lower
  female    3      7
  male      7      3
```

Pearson's Chi-squared test

data:  .Table
X-squared = 3.2, df = 1, p-value = 0.07364

생사람 잡을 유의확률인 p value 수치가 0.05보다는 크게 나온다. 이런 경우, 남녀차별이 있다는 가설을 받아들이지 않는다.

## 61 교차분석 기댓값 원리 생각해보기

교차분석에서 각 칸의 확률적 기댓값은 중요하다.
카이제곱 검정값 구하는 공식은, 기댓값과 실제값의 차이를 기반으로 한다.
**통계 분할표 이원표 입력 및 분석하기... 이다.**

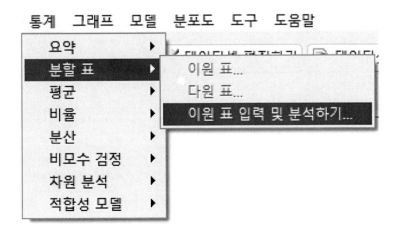

나타나는 창에서 **통계** 선택한다. 그리고 여기서 **예상된 빈도를 출력하기** 체크를 추가로 한다. **적용 예(OK)** 순차적으로 눌러준다.

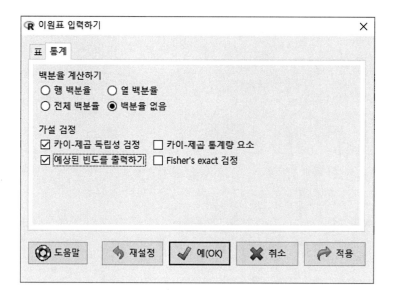

출력물 창에 추가적으로 나온 것이 있다. 기댓값expected counts 네 개가 전부 5라는 내용이다.

```
출력물                                      설정하기
+ ƒ)

Frequency table:
          rank
gender  higher lower
  female     3     7
  male       7     3

        Pearson's Chi-squared test

data: .Table
X-squared = 3.2, df = 1, p-value = 0.07364


Expected counts:
          rank
gender  higher lower
  female     5     5
  male       5     5
```

남녀차별이라는 본질을 풀기 위해 비연속과 비연속 관계를 파악하는 도구가 카이제곱이라는 수치이다.

재판 비유를 하자면, 증거에 해당한다.

이러한 수치 계산 과정에 기댓값이 들어간다.

각 칸의 실제값과 기댓값 차이를 제곱하고 이를 기댓값으로 나눈 값을 다 더한 것이 카이제곱이다.

정확한 수학기호는 다음과 같다. 그리스 소문자로 영어로는 chi[kai]이다.

$$\chi^2$$

R 활용해 계산해본다. 출력물 창에 나오는 3.2 그대로 나온다.

```
> real <- c(3, 7, 7, 3)
> expected <- c(5, 5, 5, 5)
> chi <- (real - expected) * (real - expected) / expected
> chi
[1] 0.8 0.8 0.8 0.8
> sum(chi)
[1] 3.2
```

각자 스스로 푸는 문제이다. 계산에 쓰인 기댓값은 어디서 나오는 것일까?

추가적으로 더 생각해보도록 하자. 전체 100명 직원이 있다. 고위직은 20명이고 하위직은 80명이다. 남녀 숫자는 동일하게 50명이다. 이런 경우에는 기댓값이 어떻게 나올까?

|  | 남자 | 여자 |  |
|---|---|---|---|
| 하위 |  |  | 80 |
| 고위 |  |  | 20 |
|  | 50 | 50 | 100 |

나머지는 동일하고, 남자 60명 여자 40명이면 4개 기댓값은 각각 어떻게 나올까?

|  | 남자 | 여자 |  |
|---|---|---|---|
| 하위 |  |  | 80 |
| 고위 |  |  | 20 |
|  | 60 | 40 | 100 |

이 세 가지 기댓값 계산에 적용되는 방법은 무엇인가? 이항분포에서의 기댓값 계산과 무엇이 다른가?

## 62 재판에서는 증거늘면 유죄  가설검증은 표본크기 늘면 입증

이번에는 교차분석에 사용한 데이터는 원래에서 2배로 늘린다.

동일한 무작위 추출 가정에서 표본수를 두 배로 늘렸는데 동일한 비율로 결과가 나온 셈이다.

책에서 제시하기 때문에, 이전과는 달리 일련번호 변수를 없앴다. 실제 설문에서는 일련번호를 꼭 넣는 게 좋다.

원래 설문지 하나 하나마다 일련번호를 매기고, 이걸 입력과정과 연결시킨다.

그러면 자료 분석 과정에서 원래와 다르게 정렬하고 바꾸고 해도 걱정할 것이 없다. 실물 설문지와 입력 데이터가 일련번호로 연결되어 있으면, 언제나 원래로 돌아갈 수 있다.

메모장을 열어서 파일을 만든다. 지면 제한 때문에 메모장 파일 내용을 바꾸어 나타낸다.

원래는 세로로 쭉 이어진다. 새 이름 genderdiscr2 사용해 저장한다.

```
gender,rank
male,lower male,lower male,lower male,lower male,lower male,lower
female,lower female,lower female,lower female,lower female,lower
female,lower female,lower female,lower female,lower female,lower
female,lower female,lower female,lower female,lower
```

male,higher male,higher male,higher male,higher male,higher
male,higher male,higher male,higher male,higher male,higher
male,higher male,higher male,higher male,higher
female,higher female,higher female,higher female,higher female,higher
female,higher

R Commander에서 **데이터 ▶ 데이터 불러오기 ▶ 텍스트파일, 클립보드 또는**
URL에서... 선택한다.

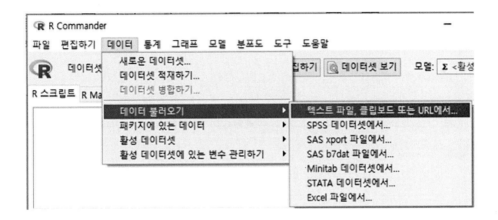

이전과 마찬가지로 필드구분자 **쉼표[,]**로 변경한다. **문자변수를 요인으로 변환**
**하기** 체크 역시 해제한다.
이번에는 활성 데이터셋 이름도 정해보자! genderdiscr2 그대로 사용한다.

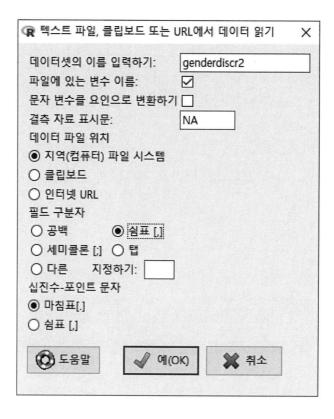

열기 창에서 저장한 파일 genderdiscr2 선택한다. **파일이름(N)** 채워지는 것을
확인하고, **열기(O)** 누른다.

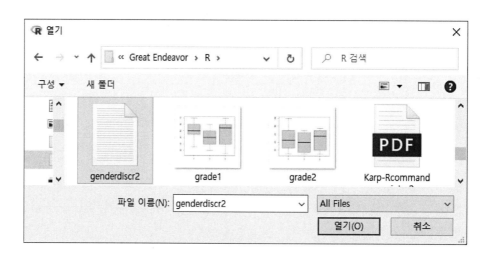

통계 분할표 이원표 선택한다. 인과관계를 감안해서, 행 변수 gender 열 변수 rank 선택한다.

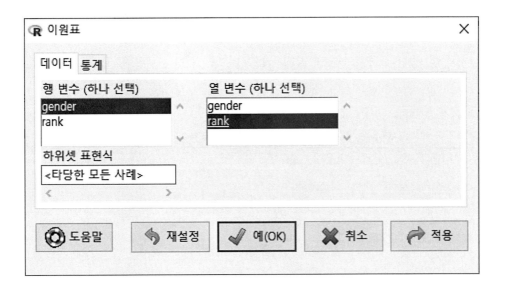

출력 창에 재미있는 결과가 나온다. 유의확률은 0.01141 이다.
대립가설을 이제는 받아들인다. 남녀차별이 있다고 얘기할 수 있게 된 것이다.

Frequency table:

```
        rank
gender    higher lower
  female      6    14
  male       14     6
```

Pearson's Chi-squared test

data:  .Table
X-squared = 6.4, df = 1, p-value = 0.01141

## 63 비연속∼연속 평균비교 대신 분산분석을 쓰는 경우

세 개 이상의 집단 평균 비교를 할 때는, 평균비교를 하지 않는다. 분산분석을 쓴다. 이유가 있다.

여러 번 집단 비교를 하지 않기 위해서이다.

재판 비유로 치면, 여러 번 재판을 받지 않기 위해서이다. 재판을 여러 번 하면 죄 없는 사람도 유죄 받을 수 있기 때문이다.

여기서 다시 확률 개념이 나온다. 한번 살펴보자! 우동, 라면, 김밥 세 종류가 정해져 있다. 이 중 두 개를 먹는다.

이런 조합은 세 개가 가능하다.

〈우동,라면〉 〈우동,김밥〉 〈라면,김밥〉

R에서 순서 상관없이 결합하는 경우의 수를 계산하는 내장함수 choose 이다. 3개 중에서 2개 조합이 몇 가지인지를 본다.

> choose(3, 2)
[1] 3

메뉴를 다섯 개로 늘리면, 조합이 많아진다. 우동, 라면, 김밥, 떡볶이, 오뎅이다!

〈우동, 라면〉
〈우동, 김밥〉
〈우동, 떡볶이〉
〈우동, 오뎅〉
〈라면, 김밥〉
〈라면, 떡볶이〉
〈라면, 오뎅〉
〈김밥, 떡볶이〉

⟨김밥, 오뎅⟩

⟨떡볶이, 오뎅⟩

계산이 맞는지 확인해보자!

```
> choose(5, 2)
[1] 10
```

알기 쉽게 문자열을 표현하는 큰 따옴표 "" 활용한 조합이다. combn 함수를 써서 표현할 수 있다. 괄호안에는 벡터가 먼저 들어가고 몇 개를 조합하는지의 숫자가 그 다음으로 들어간다.

```
> food <- c("woo", "ra", "gim", "dduck", "odeng")
> food
[1] "woo"   "ra"    "gim"   "dduck" "odeng"

> combn(food, 2)
     [,1]   [,2]   [,3]   [,4]   [,5]   [,6]   [,7]   [,8]   [,9]   [,10]
[1,] "woo"  "woo"  "woo"  "woo"  "ra"   "ra"   "ra"   "gim"  "gim"  "dduck"
[2,] "ra"   "gim"  "dduck" "odeng" "gim"  "dduck" "odeng" "dduck" "odeng" "odeng"
```

메뉴에서 하나를 추가하면, 무려 15개 조합이 나온다.

```
> choose(6, 2)
[1] 15
```

평균비교는 이러한 두 개씩의 확률 조합과 동일하다.

반복하자면 유죄 재판과 마찬가지의 원리가 가설검정이다. 죄 없는 사람도 여러번 재판을 해야 하면 유죄로 판명나는 경우도 생길 수 있다.

가설검정 역시 확률적 표본추출에 의지하므로 여러번 표본추출을 하면 이런 문제가 생긴다.

모집단은 귀무가설이 맞는데도, 표본은 대립가설을 나타내게 되는 것이다.

그래서 단 한 번 가설검정으로 평균 차이 여부를 밝히는 것이 분산분석이다. 한 번의 재판인 셈이다.

## 64 R 자체 파일 가져오기

Console 창에서 명령어를 입력해본다! **data()** 입력하고 enter 누른다.

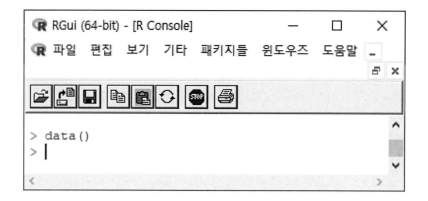

carData Datasets sandwitch 이렇게 세 집단이다.

salaries 파일로 세 집단 비교 분석을 해본다. 첫째줄에 나오는 carData 무리에 속해 있다.

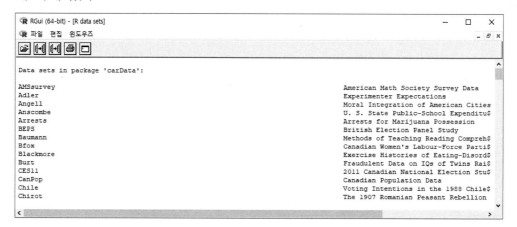

이번에는 R Commander 열고, **데이터 패키지에 있는 데이터 첨부된 패키지에서 데이터셋 읽기...** 선택한다.

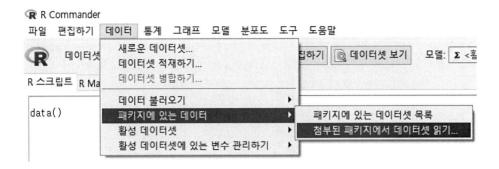

carData　Salaries　예(OK) 순서로 선택한다.

**데이터셋 편집하기** 선택한다.

비교하려는 세 집단은 첫 번째 열의 rank에서 정교수Professor 부교수 Associate Professor 조교수Assistant Professor 이다.

보려는 것은 연봉 차이이다. 맨 오른쪽의 salary 이다.

R 데이터 편집기: Salaries     —   □   ✕

파일   편집하기   도움말

행(row) 추가하기   열(column) 추가하기

| | rowname | rank | discipline | yrs.since.phd | yrs.service | sex | salary |
|---|---|---|---|---|---|---|---|
| 1 | 1 | Prof | B | 19 | 18 | Male | 139750 |
| 2 | 2 | Prof | B | 20 | 16 | Male | 173200 |
| 3 | 3 | AsstProf | B | 4 | 3 | Male | 79750 |
| 4 | 4 | Prof | B | 45 | 39 | Male | 115000 |
| 5 | 5 | Prof | B | 40 | 41 | Male | 141500 |
| 6 | 6 | AssocProf | B | 6 | 6 | Male | 97000 |
| 7 | 7 | Prof | B | 30 | 23 | Male | 175000 |
| 8 | 8 | Prof | B | 45 | 45 | Male | 147765 |
| 9 | 9 | Prof | B | 21 | 20 | Male | 119250 |
| 10 | 10 | Prof | B | 18 | 18 | Female | 129000 |
| 11 | 11 | AssocProf | B | 12 | 8 | Male | 119800 |
| 12 | 12 | AsstProf | B | 7 | 2 | Male | 79800 |
| 13 | 13 | AsstProf | B | 1 | 1 | Male | 77700 |
| 14 | 14 | AsstProf | B | 2 | 0 | Male | 78000 |
| 15 | 15 | Prof | B | 20 | 18 | Male | 104800 |
| 16 | 16 | Prof | B | 12 | 3 | Male | 117150 |
| 17 | 17 | Prof | B | 19 | 20 | Male | 101000 |
| 18 | 18 | Prof | A | 38 | 34 | Male | 103450 |
| 19 | 19 | Prof | A | 37 | 23 | Male | 124750 |
| 20 | 20 | Prof | A | 39 | 36 | Female | 137000 |
| 21 | 21 | Prof | A | 31 | 26 | Male | 89565 |
| 22 | 22 | Prof | A | 36 | 31 | Male | 102580 |
| 23 | 23 | Prof | A | 34 | 30 | Male | 93904 |
| 24 | 24 | Prof | A | 24 | 19 | Male | 113068 |
| 25 | 25 | AssocProf | A | 13 | 8 | Female | 74830 |
| 26 | 26 | Prof | A | 21 | 8 | Male | 106294 |
| 27 | 27 | Prof | A | 35 | 23 | Male | 134885 |
| 28 | 28 | AsstProf | B | 5 | 3 | Male | 82379 |
| 29 | 29 | AsstProf | B | 11 | 0 | Male | 77000 |
| 30 | 30 | Prof | B | 12 | 8 | Male | 118223 |
| 31 | 31 | Prof | B | 20 | 4 | Male | 132261 |
| 32 | 32 | AsstProf | B | 7 | 2 | Male | 79916 |
| 33 | 33 | Prof | B | 13 | 9 | Male | 117256 |

도움말    ✔ 예(OK)    ✖ 취소

먼저 세 집단 평균과 분포를 살펴본다. **그래프 상자그림...** 이다.

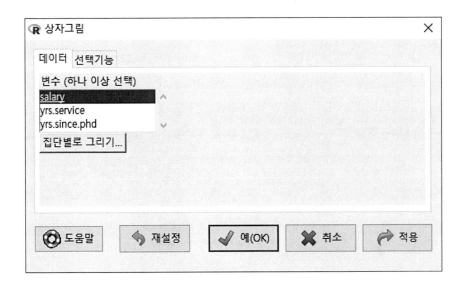

**집단별로 그리기...** 누른다.

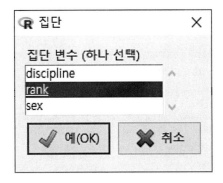

여기서 **예(OK)** 누르면, 이전 화면으로 간다. 다시 거기서 **예(OK)** 누른다.

평균 차이가 분명히 나는 것처럼 보인다. 각 집단의 흩어진 정도 즉 분산 역시 차이가 있는 것처럼 보인다.

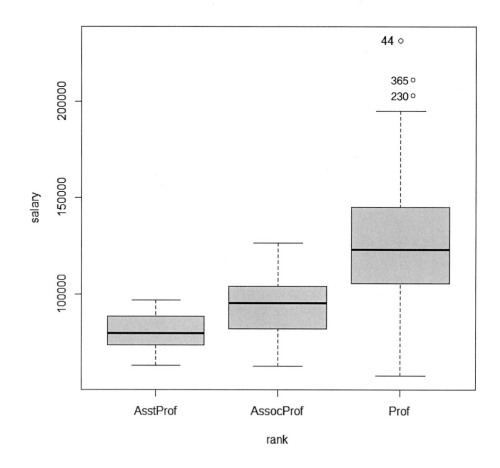

이렇게 그려서 확인하는 것은 꼭 거쳐야 한다. 상자그림에서 중간 상자는 쭉 늘어놓았을 때 각 사분위수이다. 중간의 굵은 선은 중위수이다.

제일 위 그리고 아래 선은 실제 최저치나 최고치가 아닐 수 있다. 너무 극단적인 값은 표현하지 말자는 취지로 제한을 두고 있다.

회색 상자 세로 길이를 기준으로 위 아래 1.5 이상 거리를 넘어서면 보통 극단치outlier 취급한다.

말 그대로 밖에out 놓여있는lie 값이다. lie[lai]와 놔두다 의미의 lay[lei] 구분은 영어에서 중요하다.

이런 경우 데이터셋으로 돌아가서 극단치를 확인하는 것이 좋다. salaries 값을 보니, 정교수의 경우에는 연봉 20만불을 넘는 사람이 몇 있다.

상자 각각의 크기가 다른데다 정교수의 경우에는 극단치도 있어서 등분산 가정은 더욱 더 충족이 어려워 보인다.

이렇게 감을 잡고, 분석에 들어가는 것이 아주 중요하다. 숫자만 맹목적으로 의지해서는 안 된다.

## 66 히스토그램  본격적 분석 이전에 살펴보기

상자그림뿐 아니라 히스토그램도 그려보는 것이 중요하다. 히스토그램은 특히나 분산분석의 정규성 조건을 한번 살펴볼 수 있다. 정규분포인지 볼려면, 히스토그램이 최고이다.

**그래프  히스토그램...** 이다.

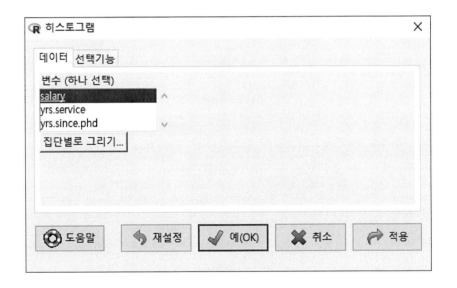

**집단별로 그리기...** 에서 rank 선택한다. **예(OK)** 누르면 이전 화면으로 돌아간다. 다시 여기서 또 **예(OK)** 누른다.

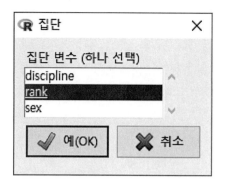

세 분포 모두 종모양과는 거리가 있어보인다.

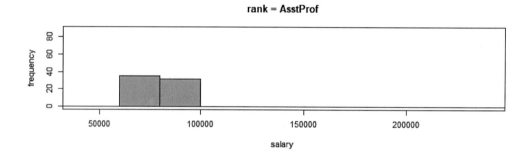

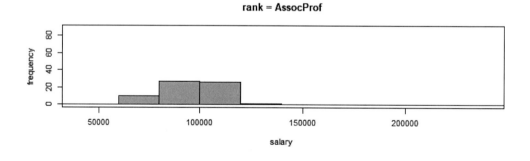

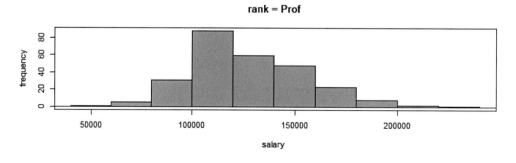

정규성 분포는 많은 통계 분석의 전제조건이다. 분산분석뿐 아니라 평균비교에서도 마찬가지이다.

회귀분석에서는 x가 하나 늘어나면 y값이 얼마가 변화하는지 보여주는 회귀선을 따라 정규분포가 이어져야 한다. 다르게 이야기하면 잔차residual 정규성이 필요하다.

숫자로서 정규성을 확인해보자! **통계 요약 정규성 검정** 선택한다. 변수에 **salary** 선택하고, **집단별로 검정하기...** 선택한다.

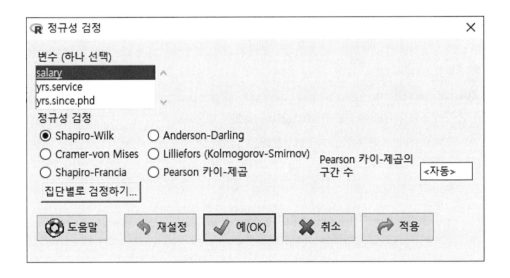

rank 누르고 이전으로 돌아가서 실행한다.

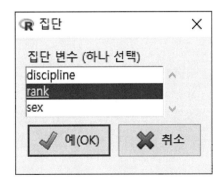

Shapiro-Wilk 검정성 검사는 정규분포가 아니라는 것이 대립가설이다. 세 집단 결과가 각각 다르다. 조교수의 경우는 유의확률 0.03006 으로서 정규분포가 아니라는 판정이 가능하다. 하지만 극단적으로 벗어난 경우는 아니다.

실제 데이터셋을 살펴보면 대부분이 정교수이고 조교수는 그리 많지 않다는 것을 알 수 있다. 만약 조교수 숫자가 조금 더 많았다면 정규분포에서 벗어난다는 판정은 나오지 않았을 것이다.

그런 의미에서 보자면 조교수 숫자가 많아질 경우의 결과가 부교수 집단의 유의확률 일 수도 있다. 유의확률 0.229 이다.

다시 데이터셋으로 돌아가자면 조교수보다는 부교수 숫자가 많다. 이렇게 늘 데이터셋에 대한 감을 가지자!

상자그림에서도 느꼈듯이, 정교수 집단은 많이 받는 일부가 정규성을 확실히 깨뜨리고 있다. 유의확률 0.0001833 이다.

```
rank = AsstProf
        Shapiro-Wilk normality test
W = 0.95995, p-value = 0.03006


rank = AssocProf
        Shapiro-Wilk normality test
W = 0.97538, p-value = 0.229


rank = Prof
        Shapiro-Wilk normality test
W = 0.97597, p-value = 0.0001833
```

분산분석하기 이전에, 등분산 검정을 해본다. 분산분석 전제조건 중 하나가 등분산이다.

흔히들 많이 쓰는 Levene 검정 선택한다.

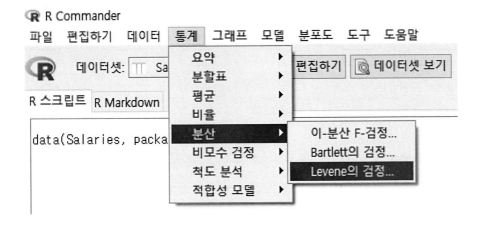

**요인 rank 반응변수 salary** 선택한다.

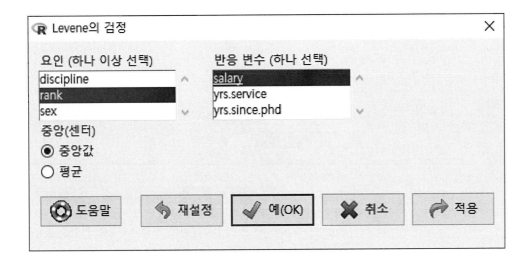

4.477e-16 이므로, 유의확률이 거의 0이다. 분산이 집단에 따라 다르다는 대립가설이 성립한다. 즉 등분산이 아니다.

```
variances by group
 AsstProf AssocProf      Prof
 66816117 191315921 768324944
```

```
Levene's Test for Homogeneity of Variance (center = "median")
        Df  F value      Pr(>F)
group    2   38.711  4.477e-16 ***
        394
---
Signif. codes:  0 '***' 0.001 '**' 0.01 '*' 0.05 '.' 0.1 ' ' 1
```

## 69 분산분석 세 집단 연봉 차이 비연속∽연속

통계  평균  일원분산분석 순이다. 그러면 변수 선택 창이 나타난다.

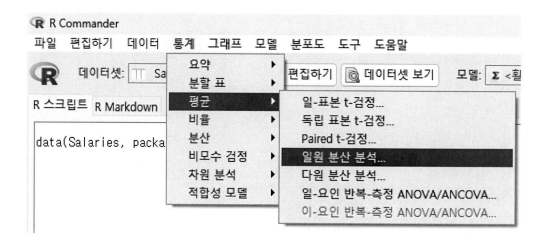

비연속 ∽ 연속 적용한다.

비연속적 측정수준인 집단구분에 **rank** 이다. 연속적 측정수준인 비교 변수는 salary 이다.

이제 분산분석 숫자를 가져온다. **통계  평균  일원 분산 분석...** 이다.

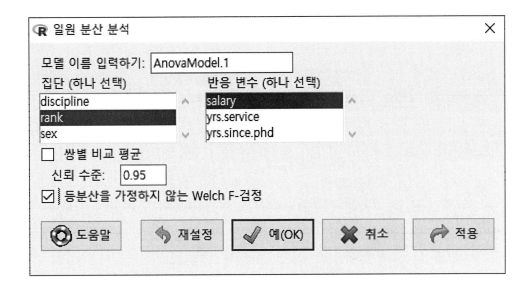

결과물을 보면, 세 집단간 차이가 있다는 대립가설이 채택된다. 여기서 하나 주의할 점은, 귀무가설이 집단간 차이가 없다라는 점이다. 세 집단 중 하나라도 차이나는 집단이 있으면, 차이가 있다는 결론이 나온다.

세 집단 평균을 보면, 사실 다 차이가 나는 것 같다. 두 집단씩 비교를 해도 전부 다 차이가 난다는 결론이 날 것 같다. 각각 $80775, $93876, $126772 이다.

유의확률은 실질적으로 0으로 보면 된다. 소수점 이하에서 0이 아주 많다. 복습삼아서 다시 한번 살펴보자.

```
> 2.2e-1
[1] 0.22
> 2.2e-2
[1] 0.022
```

2.2e-16 경우는 소수점 이하 0 개수가 몇 개인지 각자 생각해보자!

> AnovaModel.1 <- aov(salary ~ rank, data=Salaries)

> summary(AnovaModel.1)

```
              Df        Sum Sq      Mean Sq F value Pr(>F)
rank           2 143231765736  71615882868   128.2 <2e-16 ***
Residuals    394 220068876825    558550449
---
Signif. codes:  0 '***' 0.001 '**' 0.01 '*' 0.05 '.' 0.1 ' ' 1
```

> with(Salaries, numSummary(salary, groups=rank, statistics=c("mean", "sd")))

```
              mean          sd data:n
AsstProf   80775.99    8174.113     67
AssocProf  93876.44   13831.700     64
Prof      126772.11   27718.675    266
```

> oneway.test(salary ~ rank, data=Salaries) # Welch test

One-way analysis of means (not assuming equal variances)

data:  salary and rank
F = 271.44, num df = 2.00, denom df = 177.19, p-value < 2.2e-16

```
rank           2 143231765736  71615882868   128.2 <2e-16 ***
Signif. codes:  0 '***' 0.001 '**' 0.01 '*' 0.05 '.' 0.1 ' ' 1
```

위키피디아에서 가져온 F 분포 그림이다.

자유도degree of freedom 이라는 개념이 나온다. 표에서는 d 표시가 되어 있다. d1 d2 두 개이다.

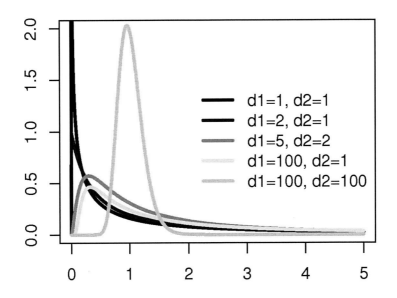

F 분포에서 유의확률와 비교하는 유의수준을 시각화한 위키피디아[5] 그림 이다.

유의수준이 한쪽에만 있다는 것을 알 수 있다.

---

5) Definition of the 95th centile of a F-distribution(Fisher-Snedecor law)
https://upload.wikimedia.org/wikipedia/commons/f/f7/Loi_fisher_95e_centile.svg

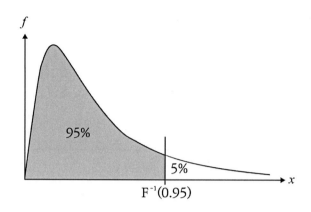

이러한 유의수준 설명표[6] 일부이다.

Table de Fisher-Snedecor, 1-α = 0.95

| $d_2$ (dén.) | $d_1$ (numérateur) | | | | | | | | | | | |
|---|---|---|---|---|---|---|---|---|---|---|---|---|
| | 1 | 2 | 3 | 4 | 5 | 6 | 7 | 8 | 9 | 10 | 20 | 30 |
| 1 | 161.45 | 199.50 | 215.71 | 224.58 | 230.16 | 233.99 | 236.77 | 238.88 | 240.54 | 241.88 | 248.02 | 250.10 |
| 2 | 18.51 | 19.00 | 19.16 | 19.25 | 19.30 | 19.33 | 19.35 | 19.37 | 19.38 | 19.40 | 19.45 | 19.46 |
| 3 | 10.13 | 9.55 | 9.28 | 9.12 | 9.01 | 8.94 | 8.89 | 8.85 | 8.81 | 8.79 | 8.66 | 8.62 |
| 4 | 7.71 | 6.94 | 6.59 | 6.39 | 6.26 | 6.16 | 6.09 | 6.04 | 6.00 | 5.96 | 5.80 | 5.75 |
| 5 | 6.61 | 5.79 | 5.41 | 5.19 | 5.05 | 4.95 | 4.88 | 4.82 | 4.77 | 4.74 | 4.56 | 4.50 |
| 6 | 5.99 | 5.14 | 4.76 | 4.53 | 4.39 | 4.28 | 4.21 | 4.15 | 4.10 | 4.06 | 3.87 | 3.81 |
| 7 | 5.59 | 4.74 | 4.35 | 4.12 | 3.97 | 3.87 | 3.79 | 3.73 | 3.68 | 3.64 | 3.44 | 3.38 |
| 8 | 5.32 | 4.46 | 4.07 | 3.84 | 3.69 | 3.58 | 3.50 | 3.44 | 3.39 | 3.35 | 3.15 | 3.08 |
| 9 | 5.12 | 4.26 | 3.86 | 3.63 | 3.48 | 3.37 | 3.29 | 3.23 | 3.18 | 3.14 | 2.94 | 2.86 |
| 10 | 4.96 | 4.10 | 3.71 | 3.48 | 3.33 | 3.22 | 3.14 | 3.07 | 3.02 | 2.98 | 2.77 | 2.70 |
| 20 | 4.35 | 3.49 | 3.10 | 2.87 | 2.71 | 2.60 | 2.51 | 2.45 | 2.39 | 2.35 | 2.12 | 2.04 |
| 30 | 4.17 | 3.32 | 2.92 | 2.69 | 2.53 | 2.42 | 2.33 | 2.27 | 2.21 | 2.16 | 1.93 | 1.84 |
| 40 | 4.08 | 3.23 | 2.84 | 2.61 | 2.45 | 2.34 | 2.25 | 2.18 | 2.12 | 2.08 | 1.84 | 1.74 |
| 50 | 4.03 | 3.18 | 2.79 | 2.56 | 2.40 | 2.29 | 2.20 | 2.13 | 2.07 | 2.03 | 1.78 | 1.69 |
| 60 | 4.00 | 3.15 | 2.76 | 2.53 | 2.37 | 2.25 | 2.17 | 2.10 | 2.04 | 1.99 | 1.75 | 1.65 |
| 70 | 3.98 | 3.13 | 2.74 | 2.50 | 2.35 | 2.23 | 2.14 | 2.07 | 2.02 | 1.97 | 1.72 | 1.62 |
| 80 | 3.96 | 3.11 | 2.72 | 2.49 | 2.33 | 2.21 | 2.13 | 2.06 | 2.00 | 1.95 | 1.70 | 1.60 |
| 90 | 3.95 | 3.10 | 2.71 | 2.47 | 2.32 | 2.20 | 2.11 | 2.04 | 1.99 | 1.94 | 1.69 | 1.59 |
| 100 | 3.94 | 3.09 | 2.70 | 2.46 | 2.31 | 2.19 | 2.10 | 2.03 | 1.97 | 1.93 | 1.68 | 1.57 |

---

6) https://fr.wikipedia.org/wiki/Loi_de_Fisher

d 의미는 degree of freedom 이다. 자유도이다. 자유로운 정도이다. A B C 있을 때 이게 A이고 저게 B인지 알면, 무엇이 C인지는 자연히 알게 된다. 이게 자유도 개념이다. 3개가 있으면 자유도는 2이다.

가로로 있는 쪽 설명에서 d1 이라고 있다. 그 옆 설명이 영어로 하면 분자 numerator[njúːmərèitər] 이다. 비교하는 집단의 수이다.

비교 집단 수 자유도는, 비교집단 개수보다 하나 작다. 집단의 개수보다 하나 작은 숫자 만큼의 정보를 알면 전부를 다 알 수 있기 때문에 자유로운 것은 '집단 숫자 - 1' 이다.

여기서는 집단group 의미로 G를 써서, G-1 이렇게 표현한다.

세로 설명에서 d2 밑에 den 이라고 있다.

영어로는 분모denominator [dinάmənèitər] 이다. 전체 관찰 개수를 의미한다.

전체 관찰에 대한 자유도는 전체 숫자 빼기 집단 숫자이다. 여기서는 전체 개수number 의미로 N을 쓰자! N-K 이다.

R 함수로 이 표를 확인할 수 있다. pf 함수는 F 분포 확률probability 계산해 준다.

pf 이후에 나오는 괄호에는 (F값, 첫번째 자유도, 두번째 자유도) 순으로 입력한다.

비교하는 집단 숫자는 세 개이고, 각 집단마다 11개씩 관찰값이 있다고 치자. d1은 G-1 이다. 3-1 이니까 2이다. d2 계산인 N-G 경우는 33-3 이다. 30이다.

표에서 d1 d2 에 해당하는 F값을 보자! 3.32이다.

R로 계산해본다. R 그래프에서 95%라고 회색으로 칠해진 부분과 일치한다.

```
〉 pf(3.32, 2, 30)
[1] 0.9501705
```

지정한 F 값 보다 낮은 쪽 확률을 계산하는 것이 기본사양이다. 반대로 하려면 lower.tail = FALSE 추가한다. 0.05가 나온다.

```
〉 pf(3.32, 2, 30, lower.tail = FALSE)
[1] 0.04982954
```

앞서 분산분석 결과 일부를 가져와보자. 여기서 Df라고 나온 부분이 자유도이다. rank 라는 집단 숫자가 조교수 부교수 정교수로 세 집단이다. 자유도는 G-1, 즉 2이다.

|  | Df | Sum Sq | Mean Sq | F value | Pr(>F) |
|---|---|---|---|---|---|
| rank | 2 | 143231765736 | 71615882868 | 128.2 | <2e-16 *** |
| Residuals | 394 | 220068876825 | 558550449 | | |

다음은 데이터셋 제일 마지막 부분이다. 총 개수가 397이다. 여기서 비교집단 개수 3개를 뺀 394가 분모 자유도이다.

여기서는 총개수를 K라고 해두자.

K - G = 397 - 3 = 394

| | rank | discipline | yrs.since.phd | yrs.service | sex | salary |
|---|---|---|---|---|---|---|
| 368 | AssocProf | A | 10 | 1 | Male | 108413 |
| 369 | Prof | A | 35 | 30 | Male | 131950 |
| 370 | Prof | A | 33 | 31 | Male | 134690 |
| 371 | AssocProf | A | 13 | 8 | Male | 78182 |
| 372 | Prof | A | 23 | 20 | Male | 110515 |
| 373 | Prof | A | 12 | 7 | Male | 109707 |
| 374 | Prof | A | 30 | 26 | Male | 136660 |
| 375 | Prof | A | 27 | 19 | Male | 103275 |
| 376 | Prof | A | 28 | 26 | Male | 103649 |
| 377 | AsstProf | A | 4 | 1 | Male | 74856 |
| 378 | AsstProf | A | 6 | 3 | Male | 77081 |
| 379 | Prof | A | 38 | 38 | Male | 150680 |
| 380 | AssocProf | A | 11 | 8 | Male | 104121 |
| 381 | AsstProf | A | 8 | 3 | Male | 75996 |
| 382 | Prof | A | 27 | 23 | Male | 172505 |
| 383 | AssocProf | A | 8 | 5 | Male | 86895 |
| 384 | Prof | A | 44 | 44 | Male | 105000 |
| 385 | Prof | A | 27 | 21 | Male | 125192 |
| 386 | Prof | A | 15 | 9 | Male | 114330 |
| 387 | Prof | A | 29 | 27 | Male | 139219 |
| 388 | Prof | A | 29 | 15 | Male | 109305 |
| 389 | Prof | A | 38 | 36 | Male | 119450 |
| 390 | Prof | A | 33 | 18 | Male | 186023 |
| 391 | Prof | A | 40 | 19 | Male | 166605 |
| 392 | Prof | A | 30 | 19 | Male | 151292 |
| 393 | Prof | A | 33 | 30 | Male | 103106 |
| 394 | Prof | A | 31 | 19 | Male | 150564 |
| 395 | Prof | A | 42 | 25 | Male | 101738 |
| 396 | Prof | A | 25 | 15 | Male | 95329 |
| 397 | AsstProf | A | 8 | 4 | Male | 81035 |

결과를 다시 가져온다. 여기서 Sq 의미는 제곱square[skwɛər] 이다.

|          | Df  | Sum Sq      | Mean Sq    | F value | Pr(>F)       |
|----------|-----|-------------|------------|---------|--------------|
| rank     | 2   | 143231765736 | 71615882868 | 128.2  | <2e-16 *** |
| Residuals | 394 | 220068876825 | 558550449  |         |              |

Sum Sq 숫자를 Df로 나누면 Mean Sq 이다.

> 143231765736 / 2
[1] 71615882868

> 220068876825 / 394
[1] 558550449

Mean Sq 위쪽 수를 아래 수로 나누면 F 값이 나온다.

> 71615882868 / 558550449
[1] 128.2174

## 71    F 값 직접 계산해보기

간단한 분산분석 값 입력해서, F값을 직접 계산해본다. 다음 책 523쪽 예시가 단순명료해서 그대로 가져와 실습한다.

Frederick J Gravetter, Larry B. Wallnau. 2009(2008). 사회과학 통계방법론의 핵심 이론. 김광재 김효동 역. 커뮤니케이션 북스.

| 플라시보(가짜약) | 약물A | 약물B | 약물C |
|---|---|---|---|
| 3 | 4 | 6 | 7 |
| 0 | 3 | 3 | 6 |
| 2 | 1 | 4 | 5 |
| 0 | 1 | 3 | 4 |
| 0 | 1 | 4 | 3 |

**데이터  새로운 데이터셋...** 해서, 입력한다. 입력결과는 다음과 같다.

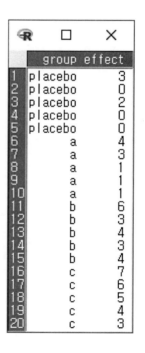

**통계 평균 일원분산분석...** 선택하고 나오는 화면에서 수정되지 않은 F 분석을
선택한다. F 값이 어떻게 나오는지 보기 위해서이다.

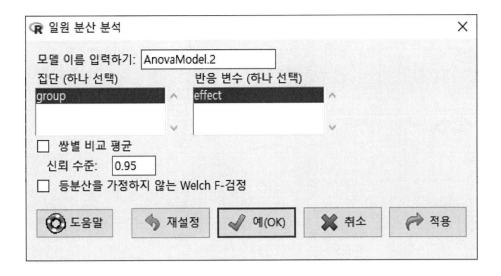

결과물이다.

| | Df | Sum Sq | Mean Sq | F value | Pr(>F) | |
|---|---|---|---|---|---|---|
| group | 3 | 50 | 16.67 | 8.333 | 0.00145 | ** |
| Residuals | 16 | 32 | 2.00 | | | |

---
Signif. codes:  0 '***' 0.001 '**' 0.01 '*' 0.05 '.' 0.1 ' ' 1


> with(anova, numSummary(effect, groups=group, statistics=c("mean", "sd")))

| | mean | sd | data:n |
|---|---|---|---|
| a | 2 | 1.414214 | 5 |
| b | 4 | 1.224745 | 5 |
| c | 5 | 1.581139 | 5 |
| placebo | 1 | 1.414214 | 5 |

집단이 총 4개이니까 하나를 빼서, 분자 자유도는 3이다. G-1 이다.

전체 개수 20에서 집단 수 4를 빼서 분모 자유도는 16이다. 아까 얘기한 K-G 이다.

|          | Df | Sum Sq | Mean Sq | F value | Pr(>F)       |
|----------|----|--------|---------|---------|--------------|
| group    | 3  | 50     | 16.67   | 8.333   | 0.00145 **   |
| Residuals| 16 | 32     | 2.00    |         |              |

분자 Sum Sq 구하기 위해서는 먼저 전체의 평균을 구해야 한다. 3이다.

```
> medicine <- c(3,0,2,0,0,4,3,1,1,1,6,3,4,3,4,7,6,5,4,3)
> mean(medicine)
[1] 3
```

Sum Sq 의미는 제곱합Sum of Squares 이다. 각 집단 평균과 전체 평균 차이를 제곱해서 더한 값이다. 각 집단 평균은 결과 출력물 마지막 4줄에 나와 있다.

|         | mean | sd        | data:n |
|---------|------|-----------|--------|
| a       | 2    | 1.414214  | 5      |
| b       | 4    | 1.224745  | 5      |
| c       | 5    | 1.581139  | 5      |
| placebo | 1    | 1.414214  | 5      |

원래 숫자 대신 각 집단의 평균값을 입력하고 여기에 3을 뺀다. 이러한 차이를 제곱하고, 제곱한 값을 다 더한다. 50이 나온다.

```
> eachmean <- c(2,2,2,2,2,4,4,4,4,4,5,5,5,5,5,1,1,1,1,1)
> sum((eachmean - 3) * (eachmean -3))
[1] 50
```

분모 Sum Sq 구하기 위해서는 현재 값에서 각 집단별 평균을 빼고 그 차이를 제곱하여 다 더한다.

```
> eachmean <- c(1,1,1,1,1,2,2,2,2,2,4,4,4,4,4,5,5,5,5,5)
> sum((medicine - eachmean) * (medicine - eachmean))
```

178

[1] 32

Mean Sq 경우에는 분자 분모 각각 자유도로 나누어주는 것이다.

〉 50 / 3
[1] 16.66667
〉 32 / 16
[1] 2

F 값은 Mean Sq 분자 분모 해당 값 두개를 나눈 값이다.

〉 16.6667 / 2
[1] 8.33335

이제 유의확률도 계산해보자. 출력물 Pr 값과 동일하다.

〉 pf(8.33335, 3, 16)
[1] 0.9985494

〉 1 - 0.9985494
[1] 0.0014506

## 72 상관분석  남녀차별  연속∽연속

**데이터 새로운 데이터셋...** 선택한다. 점수화된 남성우월의식과 연봉의 관계를 살펴보기 때문에, machoandmoney 이름을 택한다.

OKOK

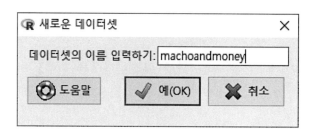

데이터편집기에서 이번에는 변수이름도 macho income 각각 제대로 입력한다.

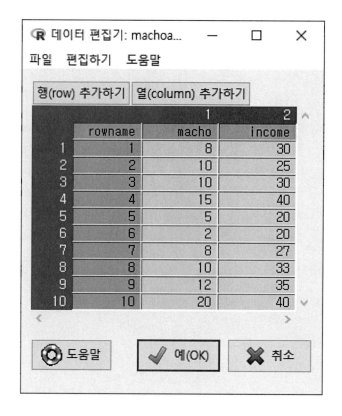

**통계 요약 상관검정...** 선택한다.

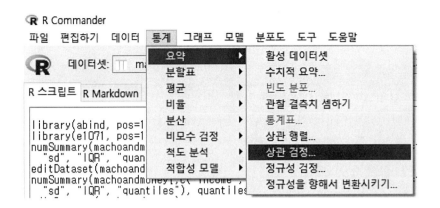

둘 다 같은 측정수준인 연속 ∽ 연속 조합이라 한꺼번에 택한다. Shift 키를 사용해, income macho 둘 다 선택한다. 예(OK) 누른다.

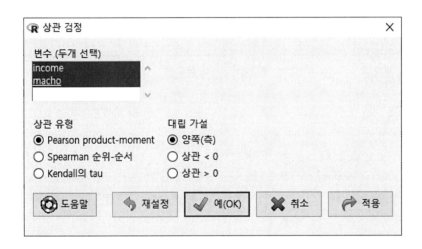

결과물에서 살펴볼 것은 딱 두 개 뿐이다.

첫째는 유의확률 p-value = 0.0002555 이다. 둘째는 이런 유의확률이 계산되어 나오는 r 값인 cor 0.9101533 이다.

유의확률이 현저히 낮으므로, 남성우월의식과 소득이 관련이 있다.

남성우월의식을 공유하는 무리에 속하는 사람일수록, 한국 조직사회에 잘 적응해 성공한다. 이런 식 해석이 가능하다.

Pearson's product-moment correlation

data:  income and macho
t = 6.214, df = 8, p-value = 0.0002555
alternative hypothesis: true correlation is not equal to 0
95 percent confidence interval:
 0.6570589 0.9788457
sample estimates:
      cor
0.9101533

변수가 여럿인 경우에는 상관계수 r 값 여러개가 나오기 때문에 한눈에 볼 수 있도록 하는 게 좋다.

**통계  요약  상관행렬...** 선택하여, 다음과 같이 처리한다. 물론 이 경우에는 변수가 둘 뿐이라 r 값 행렬이 간단하게 나온다.

⟩ cor(machoandmoney[,c("income","macho")], use="complete")

```
              income     macho
income     1.0000000 0.9101533
macho      0.9101533 1.0000000
```

**그래프　산점도…** 선택하면, 다음과 같은 창이 나온다.

상관관계는 인과관계를 따지지 않는 분석이지만, 그래도 산점도를 그릴 때도 원인으로 생각할 수 있는 변수를 가로에 두고 결과라고 생각할 수 있는 변수를 세로에 두는 것이 이해가 쉽다. 그래서 x변수 **macho** y변수 income 선택한다.

참고로 얘기하자면, 앞으로 다룰 회귀분석은 인과관계를 다룬다.

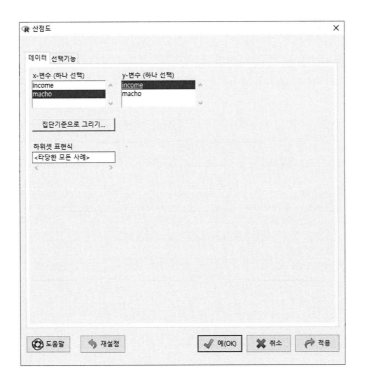

산점도가 나타난다. 상관분석도 여러 가지 전제가 있다. 그중 하나가 점들이 이런 식의 직선 형태라는 것이다.

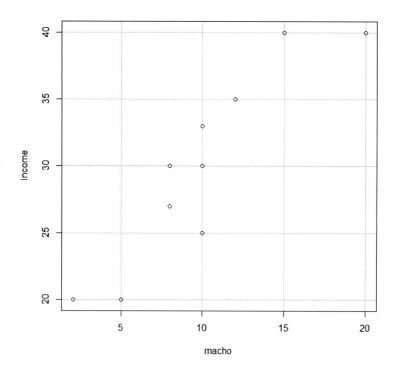

위키피디아 상관계수 r 공식이다.

$$r_{xy} \overset{\text{def}}{=} \frac{\sum_{i=1}^{n}(x_i - \bar{x})(y_i - \bar{y})}{(n-1)s_x s_y} = \frac{\sum_{i=1}^{n}(x_i - \bar{x})(y_i - \bar{y})}{\sqrt{\sum_{i=1}^{n}(x_i - \bar{x})^2 \sum_{i=1}^{n}(y_i - \bar{y})^2}},$$

공식대로 직접 계산한다. x 평균은 10, y 평균은 30 이다.

```
> x <- c(8, 10, 10, 15, 5, 2, 8, 10, 12, 20)
> y <- c(30, 25, 30, 40, 20, 20, 27, 33, 35, 40)

> xminus10 <- x - 10
> xminus10
```

184

```
[1] -2  0  0  5 -5 -8 -2  0  2 10
```

```
〉 yminus30 〈- y- 30
〉 yminus30
 [1]   0  -5   0  10 -10 -10  -3   3   5  10
```

```
〉 sum(xminus10 * yminus30)
[1] 296
```

```
〉 sum(xminus10 * xminus10)
[1] 226
```

```
〉 sum(yminus30 * yminus30)
[1] 468
```

```
〉 sqrt(226 * 468)
[1] 325.2199
```

```
〉 296 / 325.2199
[1] 0.9101534
```

아까 결과물 창에 나온 0.9101533과 거의 같다. 0.9101534 이다.
약간의 차이는 소수점을 컴퓨터가 계산하고 또 표현하는 방식에서의 차이일 뿐이다.

## 74  회귀분석  남녀차별  연속 ∽ 연속

회귀분포 전제조건은 여러 가지이다. 상관분석과 마찬가지로, 직선 분포가 있다. 또 앞서 분산분석 정규성 조건을 언급하면서 얘기했듯이, x가 하나 늘어나면 y값이 얼마가 변화하는지 보여주는 회귀선을 따라 정규분포가 이어져야 한다. 잔차

residual 정규성이다.

상관분석에서와 동일한 데이터를 사용한다. 연속변수 연속변수 서로의 인과관계를 살펴본다.

사실 회귀분석하기전에 산점도 그려보고 상관분석을 먼저하는 것이 일반적이다.

**통계 적합성모델 선형회귀...** 선택한다. 회귀분석은 인과관계를 따지므로 이렇게 변수를 따로 선택하도록 되어 있다. 반응변수가 원인에 해당한다. macho 선택한다. 설명변수가 결과이다. income 누른다.

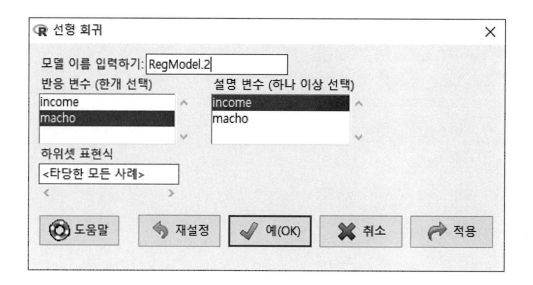

Residuals:

| Min | 1Q | Median | 3Q | Max |
|---|---|---|---|---|
| -2.0000 | -1.5876 | -0.6325 | 0.9936 | 3.6752 |

Coefficients:

|  | Estimate | Std. Error | t value | Pr(>|t|) | |
|---|---|---|---|---|---|
| (Intercept) | -8.9744 | 3.1318 | -2.866 | 0.020973 | * |
| income | 0.6325 | 0.1018 | 6.214 | 0.000255 | *** |

---

Signif. codes: 0 '***' 0.001 '**' 0.01 '*' 0.05 '.' 0.1 ' ' 1

Residual standard error: 2.202 on 8 degrees of freedom

Multiple R-squared:  0.8284,Adjusted R-squared:  0.8069

F-statistic: 38.61 on 1 and 8 DF,  p-value: 0.0002555

주의할 점이 있다. x값이 0일 때 y값을 의미하는 y절편 Intercept 줄을 무시하는 것이다.

x y 둘의 일차함수 직선이 그려지기 때문에, 계산의 일부로 나올 뿐이다. 별의미가 없다.

그 다음 income 줄에 관심을 가지자.

income 다음에 위쪽 estimate와 교차하는 0.6325 그리고 마지막으로 위쪽 Pr과 교차하는 0.000255 이다.

income          0.6325      0.1018    6.214 0.000255 ***

또 관심을 가져야 하는 부분이 있다.

Multiple R-squared:  0.8284,Adjusted R-squared:  0.8069

F-statistic: 38.61 on 1 and 8 DF,  p-value: 0.0002555

이 두 부분을 보면, 유의확률 숫자가 동일하다. 0.0002555 이다.

회귀분석은 두 가지로 가설검증을 한다. 직선의 기울기로 가설을 판단한다.

또 동시에 분산을 설명하는 정도인 $R^2$로도 가설을 판단한다. Multiple R-squared 라고 되어 있는 부분이다. 0.8284 이다. 같은 숫자를 가지고 분석하기 때문에, 유의확률은 동일하게 0.0002555 이다.

기울기 같은 경우에는 기울기가 0이면 두 변수가 인과관계가 당연히 없다. 남성우월의식이 작아지거나 커져도 연봉이 동일하다는 얘기이다.

원인 변수가 각 수치의 흩어짐을 어느정도 설명하는가하는 $R^2$경우는 그냥 상관계수 r 제곱이라고 생각하면 쉽다. 앞서 상관계수에서 r 값은 0.9101533 이다.

R 콘솔에서 계산을 해보자!

〉0.9101533 * 0.9101533

[1] 0.828379

이제 데이터셋 저장하자! **데이터  활성데이터셋  활성데이터셋 저장하기...** 이다.

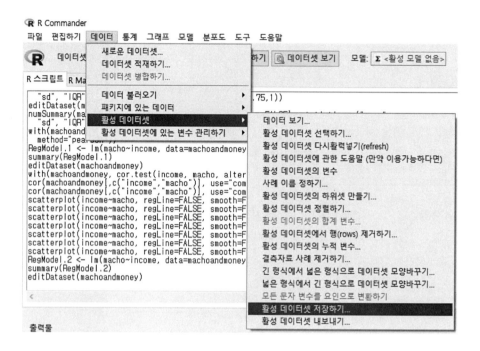

---

**75**  요인분석에서의 요인이 아닌 측정수준 관련된 요인factor

요인분석factor analysis 에서의 요인이 아닌, 측정수준 관련된 요인factor 이 야기이다. 네 가지 측정수준은 앞서 공부한 바 있다.

이 책은 다른 거의 모든 교재에서의 방식과 다르게 접근한다. R 코딩에 나오는 factor 함수는 놔둔다. 대신 R Commander 적용되는 factor 개념만 설명한다.

앞서 다룬 평균비교 데이터셋을 다시 가져온다.

그리고 female male 두 가지 문자로 입력된 부분을 각각 1 그리고 2로 편집 해 수정한다.

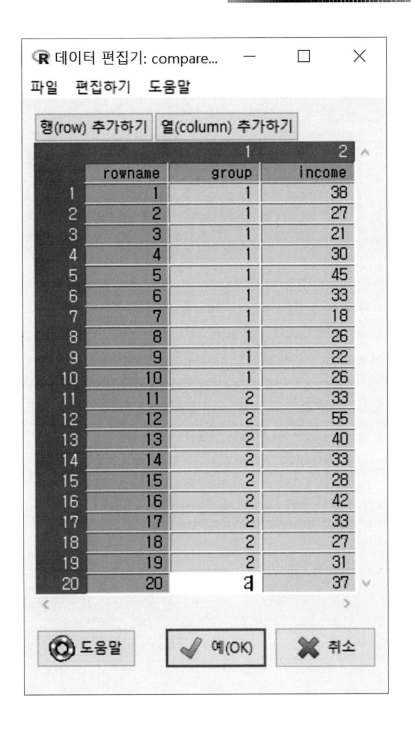

이전과 마찬가지로 **독립표본 t- 검정…** 선택을 하려고 하면, 선택이 안 된다! 글자가 흐리게 나와 있는데, 누를 수가 없다.

이젠 왜 factor 개념이 필요해지는지 알 수 있다.

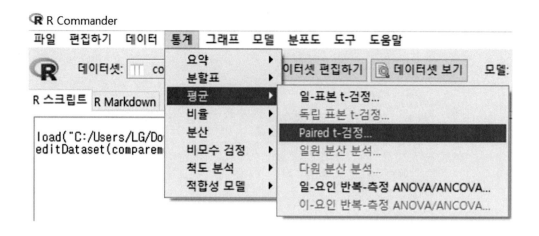

데이터  활성 데이터셋에 있는 변수 관리하기  수치 변수를 요인으로 변환하기... 누른다.

여기서 **요인** 표현에 해당하는 것이 factor 이다.

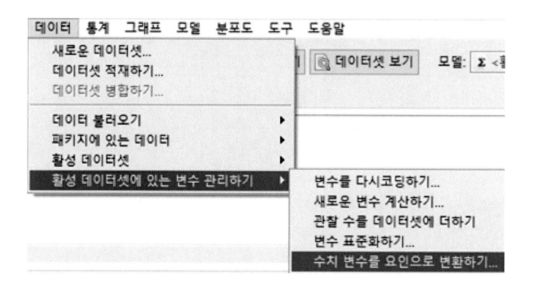

나오는 창에서 변수로서 **group** 선택한다. 요인 수준 아래에는 **수준 이름 제공하기** 그대로 유지한다.

측정수준과 어떻게 연결되는지 단서가 나타난다! **수준** 이라는 표현이 나온 것이다.

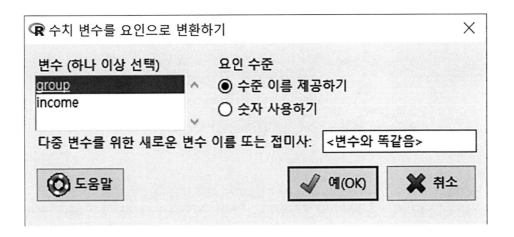

변수을(를) 덮어쓸까요? 묻는 창에는 **예** 선택한다.

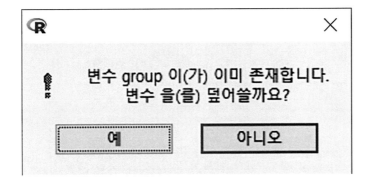

female male 이라고 각각 입력한다.

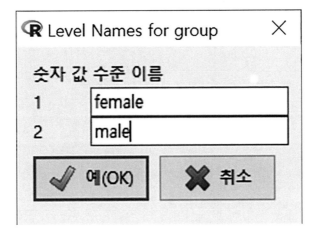

여기서 잠시 출력물 창에 나온 내용을 살펴본다.

```
출력물

> load("C:/Users/LG/Downloads/comparemean.RData")

> editDataset(comparemean)

> comparemean <- within(comparemean, {
+    group <- factor(group, labels=c('female','male'))
+ })
```

출력된 내용 중에서도 다음 내용을 잘 보자.

> comparemean <- within(comparemean, {
+    group <- factor(group, labels=c('female','male'))
+ })

R 코딩에서 factor 함수가 적용되는 방식은 factor 입력하고 괄호 안에 벡터 이름을 넣는 것이다. group 이름의 벡터가 들어간 것을 볼 수 있다.

1과 2라는 group 벡터에 나오는 숫자를 바꾸는 내용이 그 다음에 나온다. 측정수준 이름을 붙이는 과정이 label 이다. 흔히 '라벨'이라고 하는 물건에 상표이름 붙이는 딱지가 label[léibəl] 이다.

이제는 다시 **독립표본 t- 검정...** 선택이 된다.

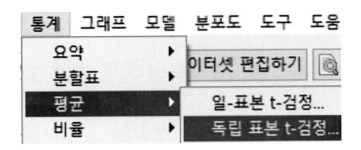

이전 측정수준 설명을 다시 읽어보자! 이 R 실습에서는 숫자에 문자를 연결시킨다. 1 2 라는 숫자에 남자 여자라는 각각의 의미를 부여한다.

factor 함수와 명목nominal 측정수준

말 그대로 이름에 불과하다는 것이 명목nominal 측정수준이다.

명목 측정수준에서도 factor 함수를 쓸 수 없는 경우가 있다. 사람 이름을 입력할 때이다. 이런 경우에는 문자벡터를 쓸 수밖에 없다.

숫자를 연결시키면 어떻게 될까? 드물게 실제 이렇게 하는 경우도 있다. 어떤 이름이 흔한가를 알아보는 경우에는 그럴 수 있겠다.

하여튼 보통은 불가능하다. 그래서 이런 식의 문자벡터로 끝난다.

```
> names <- c("Tom", "Jane", "July")
> names
[1] "Tom"  "Jane" "July"
> class(names)
[1] "character"
```

명목nominal 측정수준에서도 성별처럼 개수가 정해져 있는 경우에는, factor 함수를 쓸 수 있다.

먼저 사람이름과 마찬가지로 시작한다.

> sex <- c("male", "female", "female")

문자에 숫자를 더하는 개념인 요인factor sexfactor를 만든다.

> sexfactor <-factor(x=sex, levels=c("male", "female"))

> sexfactor
[1] male   female female
Levels: male female

문자벡터 sex와는 달리, sexfactor의 종류는 요인factor 이다.

> class(sexfactor)
[1] "factor"

str 함수를 써본다. 수준을 의미하는 levels 내용이 입력할 때는 문자인데도 불구하고, R 자체적으로는 숫자로 바뀌었다.
male, female, female 상응하는 숫자가 1 2 2 이다.

> str(sexfactor)
 Factor w/ 2 levels  "male","female": 1 2 2

table 함수를 쓰면, 빈도표가 나온다. 남자male[meil] 1명, 여자female[fiːmeil] 두 명이다.

> table(sexfactor)
sexfactor
  male    female
    1        2

194

다음 장과 관련해, 하나 실습해본다. R 내부적으로 입력된 값이 순서를 의미하지는 않는다는 의미이다.

[] 안의 값은 순서를 의미한다. 첫 번째 입력된 남자에게 연결된 값 1 그리고 두 번째 입력된 여자에게 연결된 값 2라고 입력한 값이, 크고 작고를 의미하지는 않는다는 것이다.

〉 sexfactor[2] 〉 sexfactor[1]
[1] NA
경고메시지(들):
Ops.factor(sexfactor[2], sexfactor[1])에서:
　요인(factors)에 대하여 의미있는 '〉'가 아닙니다

## 77　factor 함수와 순서ordianal 측정수준

이번에는 순서 있는 평가항목 업무work 벡터를 만들어본다.

못한다bad 그럭저럭so so 잘한다bad 세 가지이고, 우리가 상식적으로 순서가 있다고들 생각한다.

〉 work
[1] "soso"　"good"　"good"

문자벡터 work 입력되고, workfactor 이라는 요인이 생긴다. ordered=TRUE 부분이 추가된다.

순서 매기다order[ɔːrdər]에서 ordered 표현이 나온다.

〉 workfactor 〈- factor(x=work, levels=c("bad",　"soso",　"good"), ordered=TRUE)
〉 workfactor
[1] soso good good

Levels: bad ⟨ soso ⟨ good

빈도표를 구한다.

⟩ table(workfactor)
workfactor
    bad    soso    good
     0     1     2

[] 안의 값은 순서를 의미한다. 원래 문자벡터에서의 입력순서는 그럭저럭soso 잘한다good 잘한다good 순서이다.

이제는 R이 이러한 문자와 자동적으로 연결시킨 각각의 1 2 3 값 비교가 가능해진 것이다.

⟩ workfactor[3] ⟩ workforce[2]
[1] FALSE
⟩ workforce[3] == workforce[2]
[1] TRUE
⟩ workforce[2] ⟩ workforce[1]
[1] TRUE

## 78   이런 저런 R Commander   국가별 기대수명 표준점수

가설검정과 분석수준을 연결시키는 방식으로 R Commander 부분이 진행되어서, 빠진 이런 저런 부분을 정리해본다.

표준점수 구하기이다. 패키지에 있는 데이터를 읽는다.

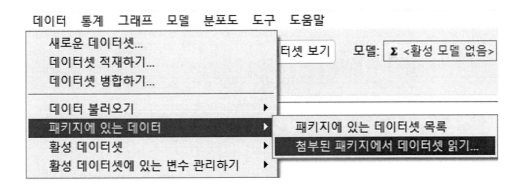

carData    UN 선택한다.

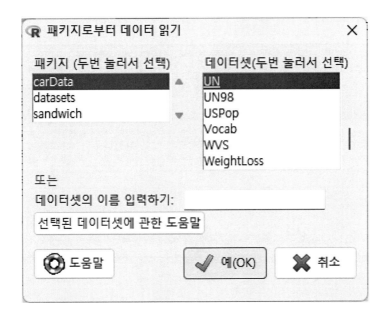

　　앞서 여러번 해본대로 데이터 활성화시킨다. 활성데이터셋에 대한 기본정보를
살펴본다.

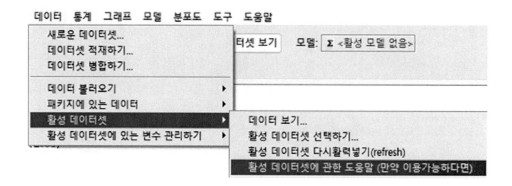

2009년에서 2011년 사이의 자료를 가지고 만든 것이다.

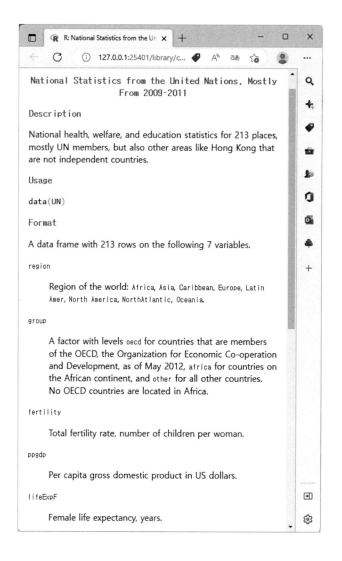

데이터 활성 데이터셋에 있는 변수 관리하기 변수 표준화하기... 선택한다.

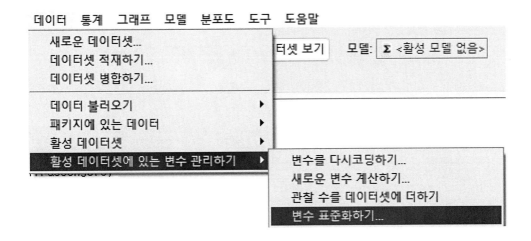

lifeExpF 선택하면 재미있을 것 같다. 기대수명이다.

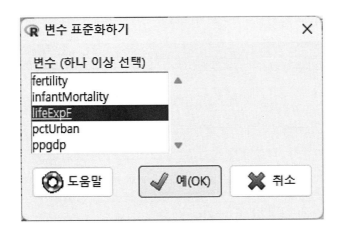

데이터 편집기를 가보면 Z 글자가 앞에 붙은 기대수명 표준점수 변수가 생겨나 있다.

평균인 0에 근접한 나이가 12번째 국가의 73.66이다.

평균보다 표준편차 2개 정도가 작은 극히 짧게 사는 나라가 1번과 5번이다. 49.49 그리고 53.17이다.

평균보다 표준편차 1 만큼 더 사는 나라가 18번이다. 82.81 이다.

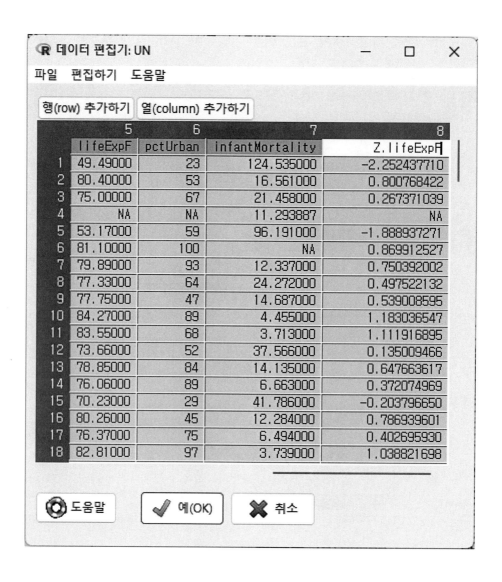

나라가 궁금해서 편집기의 왼쪽으로 가보았다.

저자는 음주 및 음주 관련 사고로 남자들이 빨리 빨리 죽는다는 러시아 숫자를 찾아본다. 생각보다 길어서 의아한 느낌이 든다.

앞서 불러들인 데이터셋 정보로 다시 가본다. 역시 의아한 느낌이 이유가 있는 것이다. 이 변수는 여성 기대수명이다. 변수명 lifeExpF에서 F 의미가 Female 인가 보다.

하여튼 이렇게 호기심을 가지는 것이 아주 중요하다.

**79** 이런 저런 R Commander  기대수명을 기대 노년으로 바꾸기

이번에는 새 변수를 계산해서 데이터셋에 추가해본다.

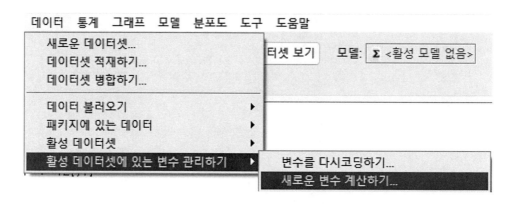

잘 이해할 수 있도록 새 변수 이름을 짓는다. 생각보다 중요한 작업이다.
계산표현식 작성에서 노인의 기준 70은 구글에 물어본 결과이다.

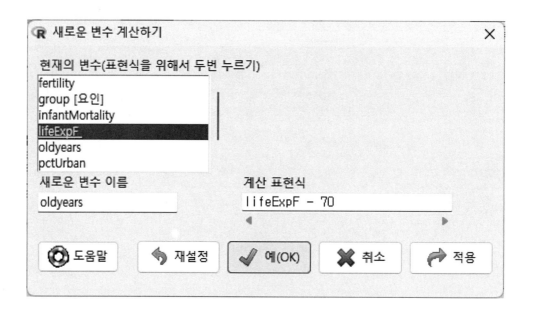

데이터셋 제일 오른쪽에, 새 변수 oldyears 추가된 것을 알 수 있다. 70세 이후에 노인으로서 살 기대 년수이다.

| | 8<br>Z.lifeExpF | 9<br>oldyears |
|---|---|---|
| 1 | -2.252437710 | -20.510000 |
| 2 | 0.800768422 | 10.400000 |
| 3 | 0.267371039 | 5.000000 |
| 4 | NA | NA |
| 5 | -1.888937271 | -16.830000 |
| 6 | 0.869912527 | 11.100000 |
| 7 | 0.750392002 | 9.890000 |
| 8 | 0.497522132 | 7.330000 |
| 9 | 0.539008595 | 7.750000 |
| 10 | 1.183036547 | 14.270000 |
| 11 | 1.111916895 | 13.550000 |
| 12 | 0.135009466 | 3.660000 |
| 13 | 0.647663617 | 8.850000 |
| 14 | 0.372074969 | 6.060000 |
| 15 | -0.203796650 | 0.230000 |
| 16 | 0.786939601 | 10.260000 |
| 17 | 0.402695930 | 6.370000 |
| 18 | 1.038821698 | 12.810000 |
| 19 | 0.544935233 | 7.810000 |
| 20 | -1.346649932 | -11.340000 |
| 21 | 0.988445279 | 12.300000 |
| 22 | -0.242319794 | -0.160000 |

R 데이터 편집기: UN

파일   편집하기   도움말

행(row) 추가하기   열(column) 추가하기

도움말   예(OK)   취소

## 80 이런 저런 R Commander  지역 비교 결과물 그리고 요인

지역 비교를 하기 전에, 변수에 요인 수준이 어떻게 설정되었는지 알아본다.

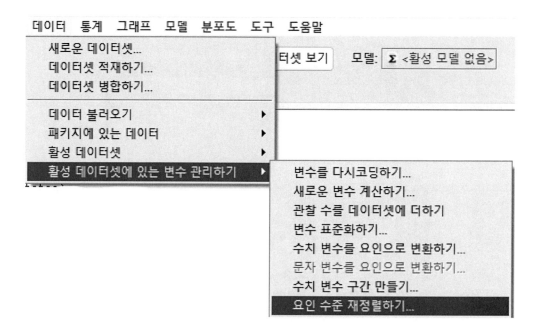

대륙별 국가 비교하는 변수는 region 이다.

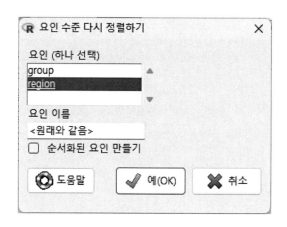

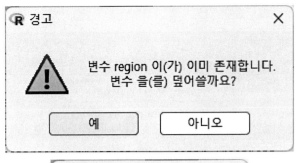

이제 지역별 비교를 해본다.

기대수명 lifeExpF 선택하고, 집단변수에 region 선택한다.

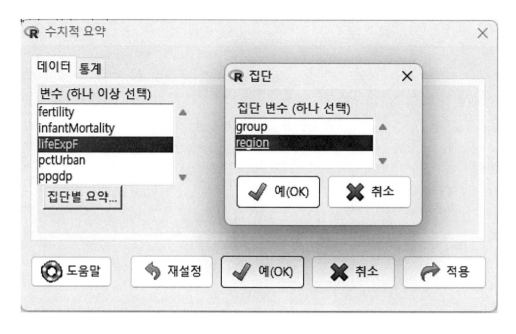

나온 결과물의 일부이다.

| | |
|---|---|
| Africa | 59.77226 |
| Asia | 74.55720 |
| Caribbean | 78.05176 |
| Europe | 80.69077 |
| Latin Amer | 77.37750 |
| North America | 82.40000 |
| NorthAtlantic | 71.60000 |
| Oceania | 72.51679 |

**데이터  활성 데이터셋에 있는 변수 관리하기  요인 수준 재정렬하기...** 다시 선택한다.

여성 기대 수명 낮은 대륙부터 1부터 요인 수준을 다시 매겨본다.

수준 다시 정렬하기

| 예전 수준 | 새로운 순서 |
|---|---|
| Africa | 1 |
| Asia | 4 |
| Caribbean | 6 |
| Europe | 7 |
| Latin Amer | 5 |
| North America | 8 |
| NorthAtlantic | 2 |
| Oceania | 3 |

예(OK)    취소

**통계  요약  수치적 요약...** 누른다. 이제는 나오는 순서가 바뀌어 있다.

| | |
|---|---|
| Africa | 59.77226 |
| NorthAtlantic | 71.60000 |
| Oceania | 72.51679 |
| Asia | 74.55720 |
| Latin  Amer | 77.37750 |
| Caribbean | 78.05176 |
| Europe | 80.69077 |
| North  America | 82.40000 |

북대서양 대륙 North Atlantic 하나의 나라가 어디인가 싶어서, 다시 편집기
를 살펴본다. 그린란드 Greenland 이다.

71.6세 이다. 생각보다 오래 못 산다.

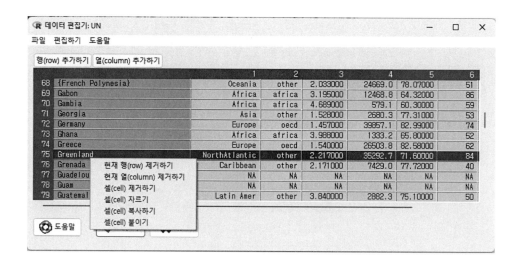

참고로 이렇게 행을 선택한 상태에서 마우스 오른쪽 버튼을 누르니 여러 선택지가 나타난다.

## 81 이런 저런 R Commander 가난한 순서대로 늘어놓기

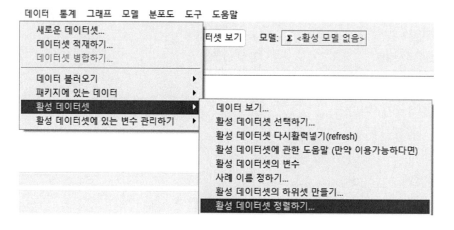

ppgdp 선택한다. 미국 달러로 계산한 일인당 지역총생산이다. 활성데이터 정보 찾아본 결과이다.

ppgdp

Per capita gross domestic product in US dollars.

ppgdp 숫자가 작은 나라부터 늘어놓는다.

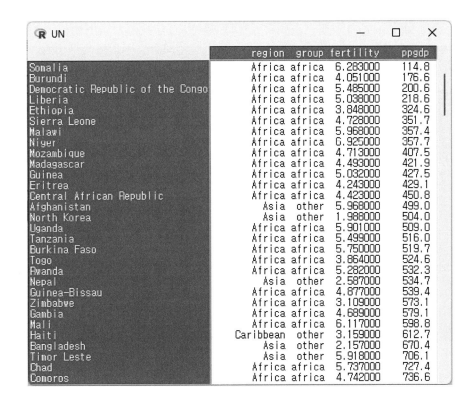

고친 상태 그대로 저장하는 방법은 다음과 같다.

**데이터**
**활성 데이터셋**
**활성 데이터셋 저장하기...**

## 82 새우깡 무게 90g R Commander 평균추정

두 변수간 관계로서 가설검정을 이 책은 주로 다룬다. 그래서 남녀평등이라는 주제를 끌고 온 것이다.

한데 사실은 두 변수 관계가 아닌 가설검정이 있다. 비교하는 집단의 값 흩어진 정도가 비슷한지 하는 검정은 이미 다루었다. 본격적인 가설검정을 하기 이전에 전제를 충족하는지 알아보는 가설검정인 경우이다.

이러한 경우 이외에, 본격적 가설검정 중에서 하나의 변수만 다루는 경우가 있다. 한 집단의 평균추정이다.

중요하기도 하다! 새우깡을 만드는 회사 입장에서나 사먹는 소비자 입장에서 적힌대로 90g 인지는 중요한 문제이다.

참고로 새우깡 개수가 대체로 125개라고 한다. 하나에 0.72g 정도이다.

제조 공장을 찾아가 특정일 생산되는 물건에서 무작위 추출된 새우깡 10개를 한번 재어본 결과가 다음이라고 하자.

90.1    89.7    89.5    90.4    90.2    90.0    90.0    89.9    90.5    90.1

R Commander 불러와서, **데이터  새로운 데이터셋...** 한다.

이름을 적어넣는다.

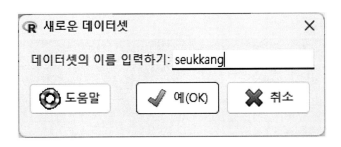

입력할 때 먼저 NA를 지우고 입력하는 것이 좋다. 엔터가 안 먹히면 그냥 아래로 내려가는 화살표 눌러본다.

입력이 끝나면 **예(OK)** 누른다.

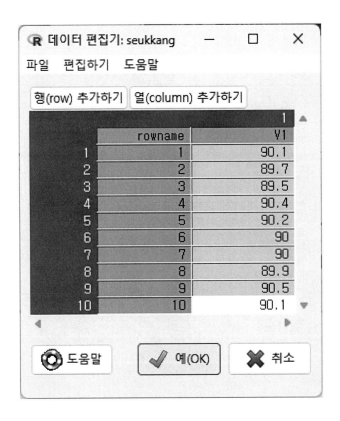

**통계 평균** 누르면 활성화 된 부분이 하나 밖에 없다. **일표본 t 검정** 이다.

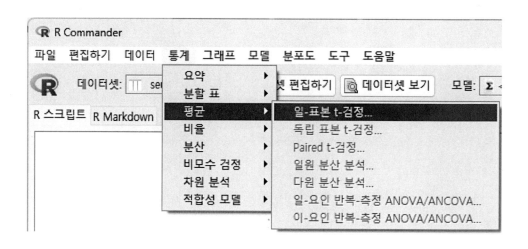

검정 조건을 선택할 때는 신중한 게 좋다. 먼저 어떤 수가 아니다 != 라는 양측검정을 선택해놓은 건 유지한다. 라디오 버튼이 제일 위쪽 까만 상태를 유지한다는 의미이다.

새우깡 경우에는 작게 담는다는 심증이 있더라도, 작다 크다 두 가지를 다 살펴보는 선택을 해야 한다.

이유는 사실 논리적이다. 작다고 의심했는데 실제 값이 크게 나오면 어떻게 하는가 문제이다.

이해가 되지 않으면, t 글자가 나오면 언제나 양측검증이라고 생각하면 된다. 실제 앞서 다룬 다른 그리스 글자는 단측검증을 하기도 했었다. 이런 글자를 검정통계량test statistics 이라고 한다.

그냥 계산값이라고 이해하면 된다. 필요에 따라 이런 저런 값이 있고, 이렇게 저렇게 계산된 값이 검정통계량이다.

mu 라고 나온 부분은 그리스 글자 $\mu$ 이다. 우리가 사실은 모르는 그날 생산된 전체 새우깡의 평균이다. 모평균이라고도 한다.

90으로 바꾸어주어야 한다.

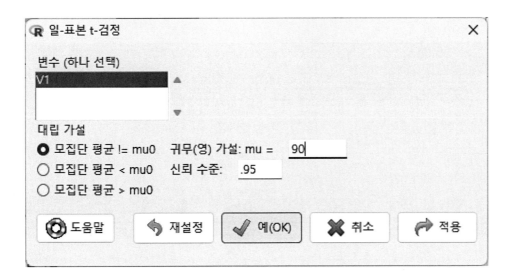

영어로 나온 결과물 그대로 읽으면 이해가 된다.

90이 아니라는 것이 대립가설이다.
alternative hypothesis: true mean is not equal to 90

10개 표본 평균은 90.4이다.
mean of x        90.04

유의확률은 0.05보다 크다.
p-value = 0.6821

One Sample t-test

data:  V1
t = 0.42321, df = 9, p-value = 0.6821
alternative hypothesis: true mean is not equal to 90
95 percent confidence interval:
 89.82619 90.25381
sample estimates:

mean of x
　　90.04


생사람 잡을 확률 즉 유의확률이 0.6821 이다. 높은 수치이다.

유죄에 해당하는 주장 즉 새우깡 무게 표시값이 거짓이라는 대립가설이 기각된다.

실제로 이런 방식으로 현장에서는 무게 관리를 한다. 기계가 정밀하기 때문에 작은 표본으로도 확률적 정당성을 확보할 수 있다.

그리고 t 검정을 하기 위한 전제인 정규분포 확인을 하지 않았는데, 이런 자연과학에 가까운 현상에서는 언제나 예쁜 종모양 분포가 나타난다. 의도적 기계조작이 없는 이상, 정규분포를 보인다.


## 83 관계있는 표본 관계 찾기로서 이전 이후 평균 비교 paired t test

통계학은 변수 사이 관계relationship 찾아나서는 탐정놀이다. 그러니까 자꾸 범인 잡아내려고 한다. 늘 유죄를 밝히려 한다.

그래서 관계를 다루는 여러 단어가 나온다. 연관association 이라고도 한다. 서로 연결되어 있다는 것을 강조해서는 상관correlation 이라고 표현하기도 한다.

한데 탐정 입장에서는 새 상황이 나타난다. 늘 변수 사이 관계를 파고 드는데, 이번에는 비교하는 두 집단이 서로 관계가 있다.

고혈압으로 병원을 찾은 이가 약 먹기 이전과 이후의 혈압을 비교하기 때문이다. 분명히 두 집단은 관계가 있다. 영향을 주고 받는 정도가 아니라, 아예 동일 인물이다.

이러면 탐정 입장에서는 좋은 상황일까? 사실 아주 좋은 상황이다. 만약 같은 인물이 아니라 그냥 이런 저런 환자의 투약 이전 수치와 이후 수치를 비교하면, 통계 다루는 사람 입장에서는 골치가 아프다. 수치의 차이가 정말 약에서 왔는지 알수가 없기 때문이다. 아무리 이것 저것 노력을 해보아도, 다른 변수가 어떻게 작동했는지 알 수가 없는 노릇이다.

그래서 의학 약학 연구에서는 이런 식의 연구가 많다. 신약 임상시험 아르바이트를 하게 되면, 보통 채혈을 한다. 이런 식의 통계분석 설계를 하기 때문에, 최소

두 번은 꼭 피를 빼야 한다는 얘기가 된다.

집단 자체가 관계가 있다는 의미에서, 다른 이름으로도 불린다. 종속표본 평균 비교 dependent sample mean comparison 이라고도 한다. 서로 관계가 없는 것이 독립이다. independent 이다. 말 그대로 독립이다. 독립하지 못한 것이 종속이다. 관계 있는 것이 종속이다.

짝을 이루고 있다고 paired t-test 라고도 한다. 저자가 지적하는 방식이면, '종속표본 평균비교' 역시 가능하겠다.

설계 자체가 깔끔하기 때문에, 전제조건도 별로 까다롭지 않다. 상식선에서 쉽게 이해될 수 있는 몇 가지가 붙는다.

첫 번째는 다른 변수가 끼어들 여지는 없어야 한다. 예를 들어서, 같은 가족을 조사대상에 넣어서는 안 된다. 이러면 투약이 아니라 생활습관이 영향을 미칠 수 있다. 일반화시켜서 얘기하자면, 조사 대상자들끼리 독립적independent 이어야 한다. 상식적으로 생각하면, 가족을 같이 조사 대상에 넣지는 않을 것이다. 뭔가 찜찜할 것이다.

두 번째는 조사 대상자 숫자가 어느정도 되어야 한다는 것이다. 우리가 보는 것은 투약 이전 수치와 이후 수치의 차이이다. 이 수치가 분포가 종 모양의 정규분포 모습을 보여야 하기 때문이다. 수치가 너무 작으면 당연히 히스토그램이 곡선 형태로 가지를 않는다.

이제 간단한 자료 예시와 분석과정만 제시한다.

R Commander에서 데이터편집기에서 **열(column) 추가하기** 누른다.

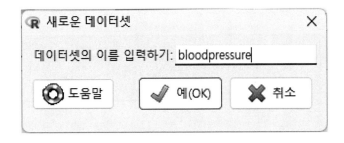

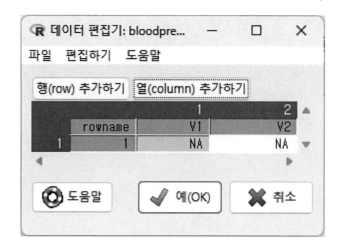

입력하면서 엔터 누르면 행은 추가된다.

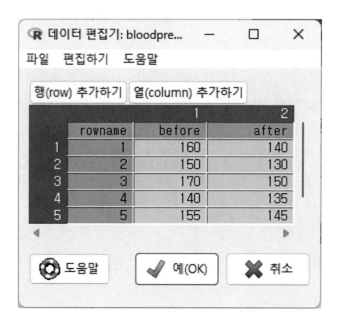

**통계  평균  Paired t-검정...** 누른다.

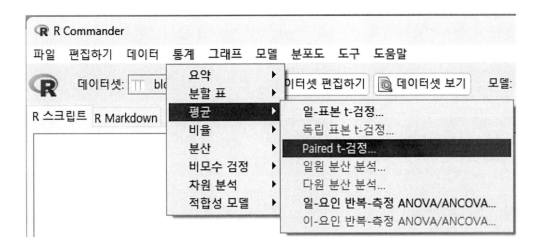

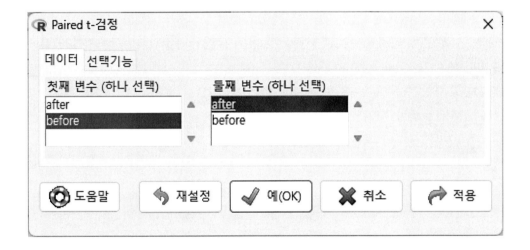

Paired t-test

data:  before and after

t = 4.7434, df = 4, p-value = 0.009014

alternative hypothesis: true mean difference is not equal to 0

95 percent confidence interval:
  6.22011  23.77989

sample estimates:

mean difference

15

몇 개 안되는 데이터셋 인데도 불구하고, 약은 효과 있는 것으로 나온다. 혈압을 15 정도 떨어뜨린다.

1988년 노태우 대통령 첫해부터의 위키피디아 한국판 '대한민국의 경제성장률' 수치를 가져온다. 저자가 각 대통령 5년 평균치를 구한 결과이다. 계산은 R로 했다. 이런 식이다.

〉 sum(11.9, 7, 9.8, 10.4, 6.2)/5
[1] 9.06

| 노태우 | (11.9,  7,  9.8, 10.4,  6.2) / 5 = 9.06 |
|---|---|
| 김영삼 | (6.9,  9.3,  9.6,  7.9,  6.2) / 5 = 7.98 |
| 김대중 | (-5.1, 11.5, 9.1,  4.5,  7.4) / 5 = 5.48 |
| 노무현 | (3.1,  5.2,  4.3,  5.3,  5.8) / 5 = 4.74 |
| 이명박 | ( 3,  0.8,  6.8,  3.7,  2.4) / 5 = 3.34 |
| 박근혜 | (3.2,  3.2,  2.8,  2.9)     / 4 = 3.025 |
| 문재인 | (3.2,  2.9,  2.2, -0.9,  4.0) / 5 = 2.28 |

일단 데이터셋 만든다. 입력할 때 먼저 NA 지우고 하는 편이 좋다.

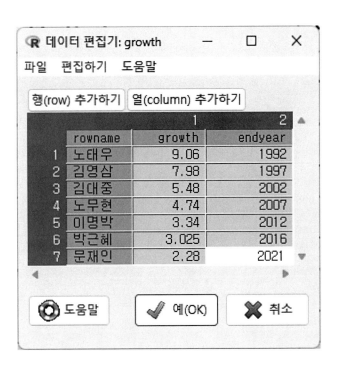

이런 시간에 따른 변화를 볼 때는 선도표가 좋다. **그래프 선 그래프...** 누른다.

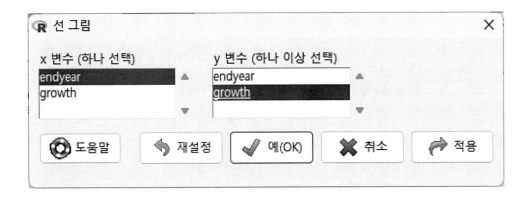

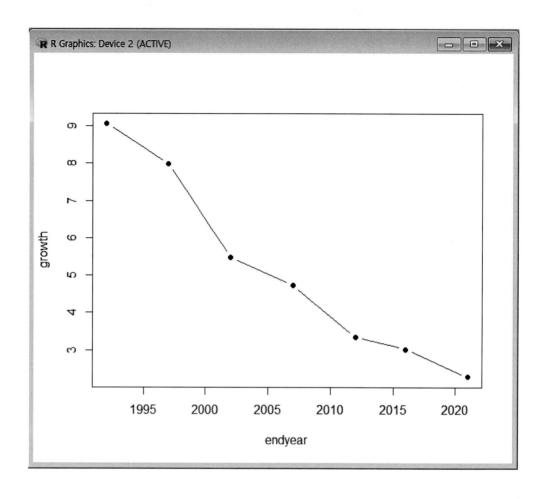

처음 질문에 답을 해보자. 시간이 진행되는 가로축 오른쪽 방향으로는 노태우 임기말 1995년부터 5칸이 늘어났다. 성장률을 보여주는 세로축은 7칸 정도 내려 갔다.

정권이 바뀔때마다, 1% 넘게 성장률이 줄어든다!

시각화에 절대적인 것은 없다. 적절하고 효과적이면 그만이다.

같은 자료를 가지고, 산점도를 그려본다. **그래프 산점도... 데이터** 이다. 데이터 경우는 기본사양으로 나온다.

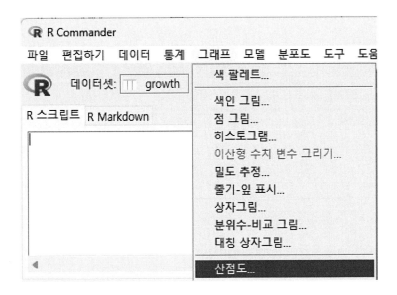

선도표와 비슷한 선택이다.

이렇게 꾸준히 떨어지는 그래프는 산점도로 그려도 별 무리가 없다.

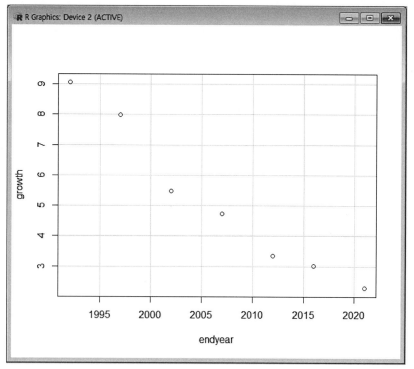

데이터셋에 있는 대통령 이름 변수도 활용해보자. **그래프　산점도... 선택기능**
이다. 기본선택에서 저자가 바꾼 두 가지 이다.

산점도 모든 점에 대통령 이름이 나오게 한다는 것이고, 또 대통령이 7명이니
식별할 점들의 개수도 7이다.

**점 식별하기**　　　　　　　　**자동적으로**

**식별할 점들의 개수**　　　　　7

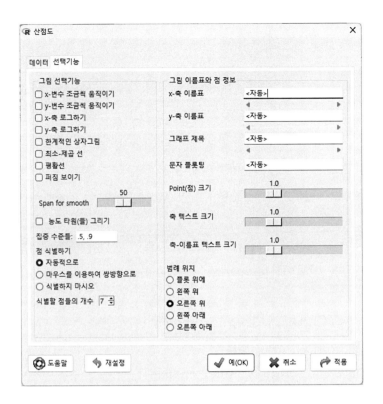

선도표보다 확실히 더 나은 결과물이다.

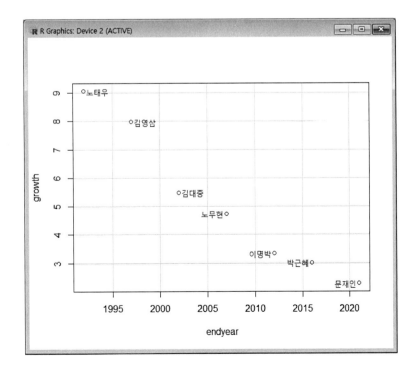

## 86 다양한 것을 묶는 list 함수

list 함수는 여러 종류의 데이터를 한데 묶는 데 쓰인다. list() 하는 식으로 입력하면, list 라고 불리는 묶인 존재가 만들어진다.

R 기본단위인 벡터는 이와는 달리 한 종류의 데이터만 한데 묶는다. 매트릭스 역시 한 종류 데이터만 묶는 건 마찬가지이다.

여기서 하나의 질문이 생겨난다! 데이터프레임은 여러 종류의 데이터를 묶지 않는가?

좋은 질문이다. 데이터프레임은 사실 리스트이다. 문자벡터와 숫자벡터를 묶어서 데이터프레임을 만들어본다.

```
> name <- c("Jane",  "Tom",  "Peter")
> english <- c(50, 100, 50)
> student <- data.frame(name, english)
> student
    name  english
1   Jane      50
2   Tom      100
3   Peter     50
```

리스트 여부를 물어보는 함수가 있다. is.list 함수이다. 괄호 안에 이름을 넣어주면 바로 답을 해준다.

student 데이터프레임 리스트 여부에 대한 답은 맞다TRUE 이다.

```
> is.list(student)
[1] TRUE
```

물어보는 김에 문자벡터 숫자벡터도 물어보자! 아니다FALSE 답이 나온다.

```
> is.list(name)
[1] FALSE
```

```
> is.list(english)
[1] FALSE
```

데이터프레임은 특별한 리스트이다. 데이터프레임은 벡터만을 묶을 수 있다. 리스트는 원래 다양한 것들을 합칠 수 있다. 벡터, 메트릭스, 데이터프레임, 함수 등을 엮을 수 있다.

## 87    list 함수에서 [ ] [[ ]]

list 함수에서는 [] [[]] 둘 차이를 잘 이해해야 한다. 다음 책 163-164쪽에 나오는 리스트 예시에서 숫자와 이름만 바꾼다. 그리고는 설명하면서 저자가 2000 더하기 계산을 추가한다.

J. D. 롱, 폴 티터 지음. 2019(2021) 『R Cookbook 2판: 데이터 분석과 통계, 그래픽스를 위한 실전 예제』 이제원 옮김. 프로그래밍인사이트.

다음과 같이 숫자 네 개로 된 리스트가 있다.

중요해서 다시 반복한다! 네 개의 벡터가 합쳐져서, shortlist 라는 이름의 리스트가 된 것이다.

이 부분은 중요하기도 하고, 또 주의해서 늘 유념해야 한다. 사실 많은 다른 교재에서도 오류가 있다. 문자 숫자라는 식으로 틀리게 적혀있다.

1 이라는 숫자는 구성요소가 숫자 1 하나인 벡터이다. R의 기초 단위는 벡터이다! 더 작은 단위는 존재하지 않는다.

```
> shortlist <- list(10, 20, 30, 40)
> shortlist
```

```
[[1]]
[1] 10

[[2]]
[1] 20

[[3]]
[1] 30

[[4]]
[1] 40
```

대괄호 한 개로는 shortlist라는 리스트 소속의 하위 리스트인 첫 번째 리스트가 나온다. 대괄호 안의 1 의미는 리스트 첫 번째 구성요소를 가져와라는 것이다.

```
> shortlist[1]
[[1]]
[1] 10
```

이 shortlist[1] 존재는 1 이라는 숫자가 아니다. 계산을 하면, 오류가 나온다.

```
> shortlist[1] + 2000
shortlist[1] + 2000에서 다음과 같은 에러가 발생했습니다
```

class 함수를 이용해서, 어떤 종류에 속하는지 확인해본다. 역시 리스트이다.

```
> class(shortlist[1])
[1]  "list"
```

이번에는 대괄호 2개를 써서 해본다!

```
> shortlist[[1]]
[1] 10
```

리스트인지 리스트 안에 들어가 있는 구성요소로서의 숫자인지를 확인해보려고 다시 2000을 더하는 계산을 해본다. 숫자가 맞다.

```
> shortlist[[1]] + 2000
[1] 2010
```

종류를 확인해보니, 역시 숫자벡터 "numeric" 이다.

```
> class(shortlist[[1]])
[1]  "numeric"
```

다음 책 75쪽에 나오는 설명을 그대로 가져와 방금의 shortlist 리스트에 적용한다. 설명은 저자가 상세 내용을 추가한다.

Grolemund, Garrett. 2014. *Hands-On Programming with* R Sabastopol, CA:O' Reilly.

R 사용하는 사람들 사이에 흔히 많이 얘기하는 비유이다. 화물차와 짐칸이 있는 것이 리스트이다.

리스트 안에 리스트가 있는 경우에, 대괄호 하나를 쓰면 화물차와 지정된 화물칸을 불러내는 것이다.

대괄호 2개를 쓰면 화물칸에 있는 내용물을 내리는 것이다.

shortlist

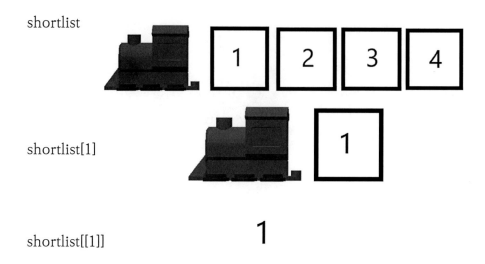

shortlist[1]

shortlist[[1]]

1

## 88  리스트list 내어놓는 apply 비슷한 함수 lapply

결과물로 리스트list 내어놓는 apply 비슷한 함수가 있다. lapply 함수이다. list apply 두 단어가 합쳐진 것이다.

```
> alist <- list(c(1, 2, 3), c(10, 20), c(100))
> alist
[[1]]
[1] 1 2 3

[[2]]
[1] 10 20

[[3]]
[1] 100

> resultlist <- lapply(alist, sum)
> resultlist
```

[[1]]
[1] 6

[[2]]
[1] 30

[[3]]
[1] 100

lapply 결과물은 언제나 리스트이다.

> class(resultlist)
[1]  "list"

lapply 외에도 apply 계열 함수가 여럿 있다.
다음 책 9장에는 tapply(tag-apply) sapply(simplified-list-apply) 비롯한 데이터 가공 함수가 명쾌하게 시각화되어 있다.

김권현. 2020. 『R로 하는 빅데이터 분석』 숨은 원리

이 책 부록의 그림 도식은 R 함수뿐 아니라 많이 쓰는 패키지 작동 원리도 다룬다.

## 89  문자벡터 length nchar 차이점

문자벡터 다루는 조금 더 얘기하기 이전에, length nchar 두 함수를 활용해서 이해를 분명히 해둔다. 여기서 안하면 다음 장부터 헷갈린다.
다음과 같은 문자벡터를 보자. 종류도 확인해본다. 문자character 라고 나온다.

```
> love <-  "I love you"
> class(love)
[1]  "character"
```

length nchar 두 함수를 써본다. 여기서 중요한 것은 구성요소 길이를 의미하는 length 함수 실행 결과는 1이라는 것이다. 구성요소가 하나이다.

```
> length(love)
[1] 1
```

```
> nchar(love)
[1] 10
```

글자수를 나타내는 nchar 함수도 잘 이해해야 한다. 다음과 같이 나왔기 때문에 글자수가 10이다.

I 빈칸 l o v e 빈칸 y o u

---

**90**    글자 나누는 strsplit 함수는 벡터에서 리스트로 바꾼다

love 라는 이름의 문자벡터가 있다.

```
> love <-  "I love you"
```

```
> class(love)
[1]  "character"
```

strsplit 함수를 넣고 벡터이름을 괄호 안에 넣어본다. 결과가 나오지 않는다. 떼어놓다split[split]   단어에서 나온 split 선택을 해주어야 한다. 나누는 글자

를 무엇으로 할 것인지를 정해야 한다.

> strsplit(love)

strsplit(love)에서 다음과 같은 에러가 발생했습니다:기본값이 없는 인수 "split"가 누락되어 있습니다

split 다음에 아무 글자없이 "" 넣어본다.

> strsplit(love, split="")
[[1]]
 [1] "I" " " "l" "o" "v" "e" " " "y" "o" "u"

한데 나온 결과물을 보면 [[1]] 이라는 부분이 눈에 띈다.

그리고 바로 이전 장에서 nchar 결과에서 글자로서 빈칸이 포함된 원리가 작동한다.

그래서 대문자 "I" 다음에 " " 그리고 이후에도 또 하나의 " " 볼 수 있다.

이전 nchar 설명에서 다음은 다음과 같다.

I 빈칸 l o v e 빈칸 y o u

이번에는 떼어놓는 글자 선택을 빈 한칸으로 한다. " " 이다. 그리고는 결과를 lovelist란 이름으로 지정한다.

> lovelist <- strsplit(love, split=" ")

> lovelist
[[1]]
[1] "I"      "love" "you"

lovelist 종류는 리스트로 나온다. 문자벡터 쪼개서, 리스트를 만든 것이다.

```
> class(lovelist)
[1] "list"
```

## 91 벡터를 쪼개어서 벡터로 만드는 방법은 없을까?

그렇다면 벡터를 쪼개어서 벡터로 만드는 방법은 없을까?

앞서 리스트 설명을 화물차 그림으로 한 적이 있다. 제일 앞 기관차가 이끄는 화물열차에서, [] 경우는 각각의 화물칸이다. [[]] 경우는 화물칸 안에 실려있는 화물이다. 이 그림에서처럼 화물에 실린 실제 값으로 접근해보자!

이전 장에서 한 내용을 다시 해본다. 벡터 구성요소로 빈칸 하나로 띄워서 분리하고 리스트list 형태로 만든다. love 벡터가 lovelist 리스트로 바꾸는 과정이다.

```
> love <- "I love you"

> lovelist <- strsplit(love, split=" ")

> class(lovelist)
[1] "list"

> lovelist
[[1]]
[1] "I"     "love"  "you"
```

리스트 이름 다음에 이전 장에서 주목했던 [[1]] 추가한다. 이제는 보통의 벡터처럼 [1]으로 시작하는 결과가 나온다.

```
> lovelist[[1]]
[1] "I"     "love"  "you"
```

이를 새로운 이름으로 지정해본다. 그리고 종류를 파악한다. 문자벡터라는 것이 확인된다.

```
> lovewhat <- lovelist[[1]]

> class(lovewhat)
[1]  "character"
```

이 원리를 이제부터 적용해보자! strsplit 함수를 적용할 때 제일 뒤에 [[1]] 추가한다.
이제는 결과물이 벡터 구성요소 첫 번째를 의미하는 [1]로 시작한다는 것을 알 수 있다.

```
> lovevector <- strsplit(love, split="  ")[[1]]
> lovevector
[1]  "I"      "love" "you"
```

역시 종류를 확인해보니 문자벡터가 맞다. 그리고 구성요소는 3개이다. 마지막으로 글자수는 구성요소 세 개에 각각 1개 4개 3개이다. I love you 각 단어에 맞아 들어간다.

```
> class(lovevector)
[1]  "character"

> length(lovevector)
[1] 3

> nchar(lovevector)
[1] 1 4 3
```

또 다른 방법도 있다. 이미 리스트가 된 결과물을 리스트가 아니게 바꾸는 것이다.

unlist 함수를 쓴다.

```
> loveunlisted <- unlist(lovelist)
> loveunlisted
[1]  "I"      "love"  "you"

> class(loveunlisted)
[1]  "character"

> length(loveunlisted)
[1] 3

> nchar(loveunlisted)
[1] 1 4 3
```

정리하자면 벡터를 쪼개어서 결국 벡터가 된 앞서 두 결과물은 다음과 동일한 형태이다.

```
> c("I",  "love",  "you")
[1]  "I"      "love"  "you"
```

## 92 문자벡터 합치고 또 재활용recycling 하는 paste 함수

벡터를 합칠 수도 있다. paste 함수를 쓰면 된다.

여기서 중요한 것은 숫자 벡터와 마찬가지로 재활용recycling 원리가 작동한다는 것이다.

```
> a <- c("a",  "b")
> b <- 1:10
```

```
> a
[1]  "a"  "b"
> b
[1]  1  2  3  4  5  6  7  8  9 10
> paste(a, b)
[1]  "a 1"   "b 2"   "a 3"   "b 4"   "a 5"   "b 6"   "a 7"   "b 8"   "a
9"   "b 10"
```

a 벡터와 b 벡터를 나누는 기준을 밑줄로 해본다. separator[sèpəréitər] 의 미의 sep 선택이 "_" 이다.

```
>  paste(a, b, sep="_")
[1]  "a_1"   "b_2"   "a_3"   "b_4"   "a_5"   "b_6"   "a_7"   "b_8"
"a_9"   "b_10"
```

이번은 " is "로 해본다.

```
>  paste(a, b, sep=" is ")
[1]  "a is 1"   "b is 2"   "a is 3"   "b is 4"   "a is 5"   "b is 6"
"a is 7"   "b is 8"   "a is 9"   "b is 10"
```

하나 하나 따옴표가 너무 많은 것이 신경쓰인다면, 한데 뭉친다는 의미의 collapse 사용하면 된다.

발음은 [kəlǽps] 이다. 같이col〈together〉 줄이다lapse〈shrink〉 둘이 합쳐진 어원을 가지고 있다.

따옴표 사이에 몇 칸을 두기로 한다.

```
>  paste(a, b, sep=" is ", collapse="      ")
[1]  "a is 1      b is 2      a is 3      b is 4      a is 5      b is 6
      a is 7      b is 8      a is 9      b is 10"
```

또 다르게 해보았다. 감이 잡힐 것이다.

```
> paste(a, b, sep=" is  ", collapse="_____")
[1]  "a is 1_____b is 2_____a is 3_____b is 4_____a is 5_____b is
6_____a is 7_____b is 8_____a is 9_____b is 10"
```

## 93 벡터 정렬은 sort 함수

벡터 구성요소 순서대로 늘어놓기 할 때는, sort 함수를 쓴다.

```
> numericv <- c(5, 1, 9)
> sort(numericv)
[1] 1 5 9
```

늘어놓는 원칙을 바꾸고 싶으면, decreasing=TRUE 추가한다.
어원을 보면, de〈down〉 + crease〈grow〉 = decrease 이다. crease 부분은
다른 단어와 연결시켜보자! 점점 커지는 초승달 crescent[krésnt] 그리고 초승달
모양 빵 크루아상 croissant[krəsáːnt] 이다.

```
> sort(numericv, decreasing=TRUE)
[1] 9 5 1
```

문자벡터도 정렬 가능하다.

```
> charv <- c("cigar", "ace", "cage", "zebra", "joy")
> sort(charv)
[1] "ace"    "cage"   "cigar"  "joy"    "zebra"
> sort(charv, decreasing=TRUE)
[1] "zebra"  "joy"    "cigar"  "cage"   "ace"
```

여기서 잠시 letters LETTERS 두 함수를 알아본다. 이런 식으로 작동한다. 보면 이해된다.

```
> letters
 [1] "a" "b" "c" "d" "e" "f" "g" "h" "i" "j" "k" "l" "m"
"n" "o" "p" "q" "r"
[19] "s" "t" "u" "v" "w" "x" "y" "z"

> LETTERS
 [1] "A" "B" "C" "D" "E" "F" "G" "H" "I" "J" "K" "L" "M"
"N" "O" "P" "Q" "R"
[19] "S" "T" "U" "V" "W" "X" "Y" "Z"
```

letters 자체가 문자벡터이다. 가져올 벡터 구성요소를 정해서 쓰면 편리하다. 벡터 구성요소를 가져오는 [] 활용한다.

```
> class(letters)
[1] "character"

> letters[1:5]
[1] "a" "b" "c" "d" "e"

> abc <- letters[1:5]
> class(abc)
[1] "character"
```

이런 abc 문자벡터를 다른 순서로 정렬해본다.

```
> sort(abc, decreasing=TRUE)
[1] "e" "d" "c" "b" "a"
```

## 94 [ ] 활용해서 벡터와 데이터프레임에서 구성요소 골라내기

벡터에서 [] 기호가 위치를 의미한다. 이런 [] 가지고 벡터 구성요소를 골라낼 수 있다.

```
> numericv <- c(5, 1, 9)
> numericv
[1] 5 1 9

> numericv[1]
[1] 5

> numericv[3]
[1] 9
```

그렇다면 데이터프레임에서는 어떻게 구성요소를 골라낼 수 있을까?

```
> number <- c(1:3)
> history <- c(70, 90, 80)
> name <- c("Jane", "Tom", "Peter")

> score <- data.frame(number, name, history)
> score
  number  name history
1      1  Jane      70
2      2   Tom      90
3      3 Peter      80
```

데이터프레임은 행뿐 아니라 열도 가지고 있다. 따라서 가로뿐 아니라 세로 역시 얘기해주어야 한다.

2행 2열 값은 "Tom"이다.

> score[2, 2]
[1] "Tom"

3행 1열은 3이고, 3행 3열의 역사점수는 80이다.

> score[3, 1]
[1] 3

> score[3, 3]
[1] 80

해당 공간에 아무것도 입력하지 않으면 무엇일까? 전부를 의미한다. 가로인 행에 해당하는 부분을 비우면, 그 다음에 입력된 세로인 열 모든 구성요소가 나온다.

> score[ , 1]
[1] 1 2 3

> score[ , 2]
[1] "Jane"  "Tom"  "Peter"

> score[ , 3]
[1] 70 90 80

반대로 해도 마찬가지이다.

> score[1, ]
　 number name history
1　　 1 Jane 　　 70

〉 score[2, ]

　　number　name　history

2　　　2　Tom　　90


〉 score[3, ]

　　number　 name　history

3　　　3　Peter　　80


다 비우면 어떻게 될까? 예상대로이다.


〉 score[ , ]

　　number　 name　history

1　　　1　Jane　　70

2　　　2　Tom　　90

3　　　3　Peter　　80


이번에는 응용해본다. x 벡터를 1, 3 으로 지정하고 행 자리에 넣는다. 그리고 열 자리 비운다.


〉 score[x, ]

　　number　 name　history

1　　1　 Jane　　70

3　　3　 Peter　　80


| 95 | 데이터프레임 정렬은 order 함수 |

다시 정렬로 돌아간다. 이번에는 데이터프레임dataframe 다룬다. 다음은 익숙한 데이터프레임이다.

```
> score
  number  name history
1      1  Jane      70
2      2  Tom       90
3      3  Peter     80
```

이런 경우에는 sort 함수보다는 다른 함수 쓰는 것이 더 낫다. order 함수이다. order 함수는 작동방식이 다르다. 함수 이름처럼 구성요소 순서order 제시한다.

```
> numericv <- c(5, 1, 9)

> order(numericv)
[1] 2 1 3

> charv <- c("cigar", "ace", "cage", "zebra", "joy")

> order(charv)
[1] 2 3 1 5 4
```

이런 방식을 이용해서, 데이터프레임에서의 행과 열 순서를 [] 안에 넣으면 된다.
데이터프레임 이름 그리고 열이름 이어주는 역할을 $ 기호가 한다. 역사 점수 벡터 구성요소만 골라낸다.

```
> score$history
[1] 70 90 80
```

이 구성요소에 순서를 매긴다.

```
> order(score$history)
[1] 1 3 2
```

빈칸 부분이 열 전체이다. 주어진 행에 해당하는 열 전체를 다 선택하겠다는 의미이다.

```
> score[order(score$history), ]
  number  name history
1      1  Jane      70
3      3  Peter     80
2      2  Tom       90
```

정렬 순서를 바꾸어본다.

```
> score[order(score$history, decreasing=TRUE), ]
  number  name history
2      2  Tom       90
3      3  Peter     80
1      1  Jane      70
```

## 96 만능패 만들기 grep 함수

카드놀이에서 쓰는 만능패wild card 정도가 grep 함수이다. global regular expression print 앞 글자를 모으면 grep 이다.

R 내장파일이 어떤 게 있고 어떤 내용인지 한번 살펴본다. **data()** 실행하면, 창이 하나 나타난다. state.name 파일에 대한 정보가 있다.

```
> data()
```

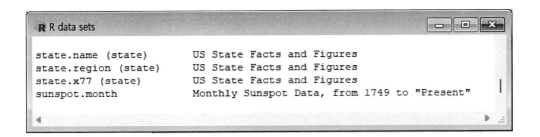

```
R data sets

state.name (state)       US State Facts and Figures
state.region (state)     US State Facts and Figures
state.x77 (state)        US State Facts and Figures
sunspot.month            Monthly Sunspot Data, from 1749 to "Present"
```

사실 내장파일은 콘솔에 이름만 치면 꺼내 쓸 수 있다. 말 그대로 내장 built-in 이다.

state.name 입력하고 엔터 누른다. 미국 주 이름이 쭉 다 나온다.

> state.name
[1] "Alabama"      "Alaska"       "Arizona"      "Arkansas"      "California"
    "Colorado"  "Connecticut"   "Delaware"
[9] "Florida"    "Georgia"    "Hawaii"   "Idaho"   "Illinois"  "Indiana"
    "Iowa"  "Kansas"
[17] "Kentucky"    "Louisiana"    "Maine"   "Maryland"      "Massachusetts"
    "Michigan"    "Minnesota"    "Mississippi"
[25] "Missouri"    "Montana"    "Nebraska"    "Nevada"    "New Hampshire"
    "New Jersey"    "New Mexico"    "New York"
[33] "North Carolina"      "North Dakota"      "Ohio"      "Oklahoma"
    "Oregon"  "Pennsylvania"   "Rhode Island"   "South Carolina"
[41] "South Dakota"    "Tennessee"    "Texas"    "Utah"    "Vermont"
    "Virginia"    "Washington"    "West Virginia"
[49] "Wisconsin"    "Wyoming"

패턴을 찾는 만능함수이다. 그래서 pattern 이라는 선택지를 먼저 쓴다. 그리고 문자벡터 x 나온다. 여기서 문자벡터 이름은 state.name 이다.

> grep(pattern="North", x=state.name)
[1] 33 34

결과가 나오긴 한데, 몇 번째 구성요소인지만 보여준다. 주 이름을 다시 보면, [33]에 "North Carolina" 이다. 그 다음은 "North Dakota" 이다.

대문자 활용해서 확인한다.

> state.name[33:34]
[1] "North Carolina" "North Dakota"

한번에 주 이름이 나오면 좋겠다. order 함수에서 그냥 입력하면, 함수 이름처럼 구성요소 순서order 나오는 것을 기억할 것이다.

그 때처럼 value=TRUE 추가한다.

> grep(pattern="North", x=state.name, value=TRUE)
[1] "North Carolina" "North Dakota"

존 댄버 Take me home, country roads 가사 일부가 생각이 난다. Mountain Mama 그리고 West Virginia 이다.

주 이름인지 확인해본다.

> grep(pattern="West", x=state.name, value=TRUE)
[1] "West Virginia"

East 부터 시작하는 주 이름이 있는지도 찾아본다. 없다!

> grep(pattern="East", x=state.name, value=TRUE)
character(0)

단어 중간에 들어가도 문제없다. ri 찾아낸 경우이다.

> grep(pattern="ri", x=state.name, value=TRUE)
[1] "Arizona" "Florida" "Missouri"

244

빈 공간을 넣으면 빈 공간이 들어간 구성요소를 찾아낸다.

> grep(pattern=" ", x=state.name, value=TRUE)
[1]  "New Hampshire"  "New Jersey"    "New Mexico"   "New York"
[5] "North Carolina" "North Dakota" "Rhode Island" "South Carolina"
[9]  "South Dakota"     "West Virginia"

빈 공간을 두 칸 넣으면, 찾을 대상이 없다고 얘기한다.

> grep(pattern="  ", x=state.name, value=TRUE)
character(0)

이번에는 시작 부분으로 찾아본다. 대문자 M 시작을 찾아본다.
^ 기호를 M 앞에 붙인다. 원고 교정에서의 삽입을 의미하는 기호가 ^ 이다.
caret[kǽrit] 이다.

> grep(pattern="^M", x=state.name, value=TRUE)
[1]  "Maine"          "Maryland"          "Massachusetts"  "Michigan"
[5]  "Minnesota"       "Mississippi"      "Missouri"          "Montana"

이번에는 Ma 앞에 ^ 붙인다.

> grep(pattern="^Ma", x=state.name, value=TRUE)
[1]  "Maine"          "Maryland"          "Massachusetts"

a 글자로 끝나는 주 이름을 다 찾아본다. a 다음에 $를 붙인다.

> grep(pattern="a$", x=state.name, value=TRUE)
[1]  "Alabama"        "Alaska"          "Arizona"          "California"

| [5]  | "Florida"      | "Georgia"        | "Indiana"        | "Iowa"        |
| [9]  | "Louisiana"    | "Minnesota"      | "Montana"        | "Nebraska"    |
| [13] | "Nevada"       | "North Carolina" | "North Dakota"   | "Oklahoma"    |
| [17] | "Pennsylvania" | "South Carolina" | "South Dakota"   | "Virginia"    |
| [21] | "West Virginia" |                 |                  |               |

이번에는 ia 다음에 $를 붙인다.

```
> grep(pattern="ia$", x=state.name, value=TRUE)
[1]  "California"   "Georgia"      "Pennsylvania"   "Virginia"
[5]  "West Virginia"
```

혹은or 기능도 유용하다. 어느 부분에서든지 na 혹은 ne 있는 구성요소를 찾는다. 부호 | 사용한다. 수학이나 코딩에서 쓰이기 때문에, or 이라고 부르면 된다.

```
> grep(pattern="na|ne", x=state.name, value=TRUE)
[1]  "Arizona"        "Connecticut"   "Indiana"       "Louisiana"
[5]  "Maine"          "Minnesota"     "Montana"       "North Carolina"
[9]  "South Carolina" "Tennessee"
```

괄호를 써서 | 사용을 창의적으로 하면 재미있다. or 기호이다.
앞 혹의 뒤 글자와 연결되는 한 자리의 글자를 이것 아니면 저것 식으로 찾아내는 방식이다.
ana 혹은 ina 들어간 주 이름이다.

```
> grep(pattern="(a|i)na", x=state.name, value=TRUE)
[1]  "Indiana"      "Louisiana"     "Montana"      "North Carolina"
[5]  "South Carolina"
```

## 97 이메일 주소 grep으로 찾으려면 무슨 기호 . @ 둘 중 정답은

다음 두 책 354쪽과 413쪽에서는 마침표 . 기호가 마침표를 찾지 않는다는 것을 보여준다. grep 함수에서 물음표 안에 마침표 하나만 넣으면, 마침표가 아니라 모든 구성요소를 가져온다.

노만 매트로프. 2012. 『빅데이터 분석도구 R 프로그래밍』 권정민 역. 에이콘

폴 제라드, 라디아 존슨. 『빅데이터 통계분석과 오픈소스 R』 최대우 정석오 역. 성안당

저자가 보기에, 이런 얘기 방식은 재미있다. 그래서 이 접근법을 그대로 가져오고, 여기에 이메일 주소 찾기라는 하나의 요소를 더 결합하는 식으로 응용한다.
다음과 같이 이메일 주소가 다른 구성요소와 함께 있다. 마침표 . 기호 그리고 영어로 at 이라고 부르는 @ 기호 중 어느 것을 쓰면, 이메일 주소만을 찾아낼 수 있을까?

```
> regex <- c("naya@email.com", "yyou", "youu", "youuu", "you100",
"You", "YOU", 10, 9)
> regex
[1] "naya@email.com"  "yyou"        "youu"        "youuu"
[5] "you100"          "You"         "YOU"         "10"
[9] "9"
```

@ 기호 쓰면 정확하게 가져온다.

```
> grep(pattern="@", x=regex, value=TRUE)
[1] "naya@email.com"
```

이번에는 . 써본다. 전부 다 선택된다.

일단 이렇게 마침표를 쓰는 방식으로는, 이메일 주소 찾기 실패이다.

```
> grep(pattern=".", x=regex, value=TRUE)
[1]  "naya@email.com"  "yyou"        "youu"        "youuu"
[5]  "you100"          "You"         "YOU"         "10"
[9]  "9"
```

**98** **광범위하지만 공간을 지정하는 마침표 .**

R에서 마침표 . 경우에는 모든 구성요소가 다 나온다. 여기서 마침표 . 실습을 조금 더 해보자! 실제로 이렇게 마침표만 써서 모든 구성요소를 찾아내는 경우는 드물다. 주로 응용해서 쓰는데, 생각보다 광범위하게 찾아서 놀라운 느낌이 든다.

```
> regex <- c("naya@email.com",  "yyou",  "youu",  "youuu",  "you100",
"You",  "YOU", 10, 9)
> regex
[1]  "naya@email.com"  "yyou"        "youu"        "youuu"
[5]  "you100"          "You"         "YOU"         "10"
[9]  "9"
```

마침표 대신 y. 입력한다. 생각보다 많은 구성요소가 나온다. "naya@email.com" 경우가 그렇다.

```
> grep(pattern="y.", x=regex, value=TRUE)
[1]  "naya@email.com"    "yyou"      "youu"      "youuu"
[5]  "you100"
```

o. 집어넣은 결과물이다. 마찬가지로 이것저것 나온다.
> grep(pattern="o.", x=regex, value=TRUE)


[1]  "naya@email.c om"  "yyou"          "youu"          "youuu"
[5]  "you100"          "You"


삽입기호 caret ^ 사용한 것과 마침표 . 활용이 같아지는 경우도 물론 있다.

> grep(pattern="^Y", x=regex, value=TRUE)
[1]  "You"  "YOU"


> grep(pattern="Y.", x=regex, value=TRUE)
[1]  "You"  "YOU"


이제 좀 더 정확하게 이야기 할 때가 왔다.

마침표 . 경우는 어떠한 한 자리에 대해서만 모든 것을 찾아낸다. 앞서 얘기한 ^ $ 같은 범위 제한 없는 부호와 완전히 다르다.

예를 들어보자! "y." 의미는 y로 시작하는 모든 것이 아니다. y 다음 한자리에 어떠한 것이라도 있다는 의미이다.

"naya@email.com" 경우는 y로 시작하지 않는다. 하지만 y 다음 한자리에 무언가가 있다. 다시 얘기하자면, y 다음에 a 있다.

regexpal.com 이라는 곳에서의 실습해본다. R 언어를 다루는 것이 아니라, R 정규표현식 다른 것은 해보면 안 되기도 한다. 또 기본 배치가 달라 엉뚱한 결과가 나오기도 한다. 하지만 y. 넣어보는 실습은 적절한 것 같다.

이 실습에서 나오는 형태를 보면, 이해가 될 것이다.

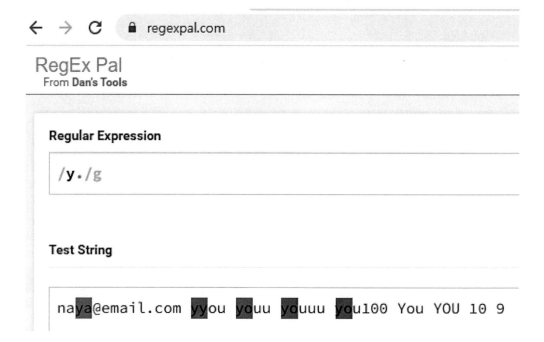

얘기한대로 지정한 공간에 무엇인가 있어야 한다. 이건 R로만 실습해 보여줄 수 있을 것 같다.

```
> xx <- c("y", "ya", "y1")
> xx
[1] "y"  "ya" "y1"

> grep(pattern="^y", x=xx, value=TRUE)
[1] "y"  "ya" "y1"

> grep(pattern="y.", x=xx, value=TRUE)
[1] "ya" "y1"
```

의외로 중요한 문제인데, 어떠한 자리에 무엇인가 있어야 한다고 했다. 여기에 공백blank space 역시 포함된다.

```
> yy <- c("y", "ya", "y1", " ")
> yy
[1] "y"   "ya" "y1" " "   "y "
```

```
> grep(pattern="y.", x=yy, value=TRUE)
[1] "ya" "y1" "y "
```

```
> grep(pattern=".", x=yy, value=TRUE)
[1] "y"   "ya" "y1" " "   "y "
```

앞서 글자 나누기를 생각해보면, 쉽게 이해된다.

```
> love <-  "I love you"
> love
[1]  "I love you"
```

```
> strsplit(love, split="")
[[1]]
 [1] "I" " " "l" "o" "v" "e" " " "y" "o" "u"
```

글자와 글자 사이에 마침표 . 넣어본다.

```
> grep(pattern="o.u", x=regex, value=TRUE)
[1] "youu"   "youuu"
```

실습해보면 더 잘 이해된다.

RegEx Pal
From Dan's Tools

**Regular Expression**

/o.u/g

**Test String**

naya@email.com yyou y**ouu** y**ouu**u you100 You YOU 10 9

이번에는 y u 사이에 어떠한 두 글자가 들어가도 되기이다.

```
> grep(pattern="y..u", x=regex, value=TRUE)
[1] "yyou"   "youu"   "youuu"
```

**Regular Expression**

/y..u/g

**Test String**

naya@email.com **yyou** **youu** **youu**u you100 You YOU 10 9

**마침표 . 써서 이메일 주소 찾는 방법**

다시 이메일 찾아내기로 돌아간다. 마침표만 잡아내려면 앞에 backslash \\ 붙인다. 정규표현식regular expression 방식으로부터 빠져나오는 방법이다.

카드 게임 비유를 들자면, 만능패를 만능패로 안 쓰고 그냥 원래 패로 쓰는 것이다. 어떤 특별한 기능을 할 수 있게 정한 만능패가 ♠ K라고 하자.

이 카드를 만능패로 쓰지 않고 원래의 그냥 **스페이드**spade K 로 쓰는 셈이다.

자판에서 \ 표시를 못 찾겠으면 원화 표시를 ₩ 찾으면 된다. 이제는 주소를 제대로 찾아낸다.

> grep(pattern="\\.", x=regex, value=TRUE)
[1] "naya@email.com"

**grep 함수와 대괄호 [ ]**

또 다른 만능이 대괄호 [] 이다. 문자, 숫자, 기호 모두 안에 들어갈 수 있다.

대괄호 안에 Yy 넣어본다. 그러면 대괄호가 없을 때와는 완전히 다르다.

우리가 다룬 이전의 것들과 또 다르게 돌아간다. 모든 Y 그리고 모든 y를 다 찾아낸다.

> regex <- c("naya@email.com", "yyou", "youu", "youuu", "you100", "You", "YOU", 10, 9)

> grep("Yy", regex, value=TRUE)
character(0)

> grep("[Yy]", regex, value=TRUE)

```
[1] "naya@email.com"  "yyou"       "youu"       "youuu"
[5] "you100"          "You"        "YOU"
```

또 하나의 특징은 기호를 활용하는 방식이다. 여기서는 범위를 나타내는 이음표 - 기호만 다룬다.

문자 숫자 범위를 [] - 두 개로 설정한다. [1-2]로 먼저 시작한다. 1 이나 2 있는 경우는 다 찾아낸다.

```
> grep(pattern="[1-2]", x=regex, value=TRUE)
[1] "you100"  "10"
```

[0-9] 경우는 당연히 모든 숫자이다. 숫자가 들어있기만 하면, 다 찾아낸다.

```
> grep(pattern="[0-9]", x=regex, value=TRUE)
[1] "you100"  "10"      "9"
```

대괄호 [] 안에 a-z 넣으면, 모든 소문자 포함한 구성요소를 꺼낸다.

```
> grep(pattern="[a-z]", x=abc, value=TRUE)
[1] "love"    "you"    "I love you"  "you!"    "Iloveyou"
```

응용해서 대괄호 안에 a-m 넣는다. you you! 두 개가 빠진다.

```
> grep(pattern="[a-m]", x=abc, value=TRUE)
[1] "love"    "I love you"  "Iloveyou"
```

대문자도 마찬가지로 작동하다.

```
〉 grep(pattern="[A-Z]", x=abc, value=TRUE)
[1]  "I"            "I love you"  "Iloveyou"    "LOVE"
```

좀 응용해서, 대문자 시작 그리고 소문자 시작을 찾아본다.

```
〉 grep(pattern="^[A-Z]", x=abc, value=TRUE)
[1]  "I"            "I love you"  "Iloveyou"    "LOVE"

〉 grep(pattern="^[a-z]", x=abc, value=TRUE)
[1]  "love"  "you"    "you!"
```

R 정규표현식 더 공부하려면, 다음 책 3장 텍스트 패턴 매칭을 보자. R 정규표현이 잘 정리된, 아직까지는 유일한 한국어 책인 것 같다.

곽기영. 2022. 『R을 이용한 웹스크레이핑과 데이터분석』 청람

아니면 R Studio에서 나오는 설명을 보자. **Help** 그리고 이어서 **Search R Help** 선택한다.

커서가 깜빡이는 창에서 regular expression 입력한다.
이렇게 나오는 목록중에서 밑에서 두 번째인 **base regex** 눌러보면 된다. 패키지가 아닌 기본 프로그램을 쓰고 있기 때문에 base 이다.

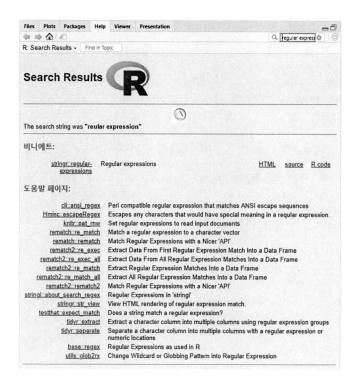

나오는 내용의 일부이다. 영어로 되어서 그렇지, 대체로 이제는 알아먹을 수 있는 얘기이다.

반복적으로 나오는 precede 단어 어원은 pre〈before〉 + cede〈go〉 이다.

The caret '^' and the dollar sign '$' are metacharacters that respectively match the empty string at the beginning and end of a line.

The symbols '\⟨' and '\⟩' match the empty string at the beginning and end of a word.

The symbol '\b' matches the empty string at either edge of a word, and '\B' matches the empty string provided it is not at an edge of a word. (The interpretation of 'word' depends on the locale and implementation: these are all extensions.)

A regular expression may be followed by one of several repetition quantifiers:

'?' The preceding item is optional and will be matched at most once.

'*' The preceding item will be matched zero or more times.

'+' The preceding item will be matched one or more times.

'{n}' The preceding item is matched exactly n times.

'{n,}' The preceding item is matched n or more times.

'{n,m}' The preceding item is matched at least n times, but not more than m times.

By default repetition is greedy, so the maximal possible number of repeats is used. This can be changed to 'minimal' by appending ? to the quantifier. (There are further quantifiers that allow approximate matching: see the TRE documentation.)

Regular expressions may be concatenated; the resulting regular expression matches any string formed by concatenating the substrings that match the concatenated subexpressions.

Two regular expressions may be joined by the infix operator '|'; the resulting regular expression matches any string matching either subexpression. For example, 'abba|cde' matches either the string abba or the string cde. Note that alternation does not work inside character classes, where '|' has its literal meaning.

한데 읽다보면, greedy 라는 얘기가 나온다. 욕심많은 greedy[gríːdi] 이야기 인가 싶은 생각이 든다. 참고로 모음이 이렇게 두 개 연속 나올 때는 거의 대부분 발음이 길어진다. 땡땡 표시가 그래서 나온다.

사실은 greedy matching 이야기이다. lazy matching 얘기도 있다. 텍스트 내 반복 문자의 패턴매칭 방식이다.

곽기영 책 40쪽에서 42쪽 실습을 여기서 그대로 인용한다.

```
> string <- "eeeAiiZoooAuuuuZeee"
> string
[1] "eeeAiiZoooAuuuuZeee"

> regmatches(x=string, m=gregexpr(pattern="A.*Z", text=string))
[[1]]
[1] "AiiZoooAuuuuZ"

> regmatches(string, gregexpr("A.*?Z", string))
[[1]]
[1] "AiiZ"    "AuuuuZ"
```

"AiiZoooAuuuuZ"라는 결과물이 그리디 매칭이다. "AiiZ"    "AuuuuZ"이라 고 나온 것이 레이지 매칭이다.

패턴 선택에서 ?가 추가된 것이 레이지 매칭이다. 앞서 영어 본문에는 다음과 같이 나온다.

'?' The preceding item is optional and will be matched at most once.

지금 다 이해되지 않는 것이 당연하다. 감만 잡으면 된다. 정규표현식 쉽게 설 명한 책 많다. 찾아보자!

전문가가 되고 싶을 수도 있다. 그러면 이 책이다.

제프리 프리들. 2003. 『정규 표현식 완전 해부와 실습』 서환수 역. 한빛미디어.

구글 자회사에서 운영하는 Kaggle 홈페이지에 들어간다. kaggle.com 이다. countries of the world 라고 검색한다.

등록sign in 한다. 저자는 구글메일로 등록하였다. 그러면 파일 다운로드가 가능해진다.

다운로드 하고나면, 다음과 같이 압축풀기 해준다.

데이터 가져오기data import 하기 전에, 한번 가져오는 파일 성격을 확인한다. 압축된 파일 이름 위에 커서를 대고 오른쪽을 누른다. 그리고 그림과 같이 **속성** 선택한다.

csv(comma separated values) 파일이다. 내용 하나하나를 구분할 때 콤마 사용한 파일이다.

R Studio 열고, 환경창에서 **Import Dataset** 누른다.

**From Text (readr)...** 누른다. R 세계 유명인사 Hadley Wickham 제작 패키지가 readr 이다.

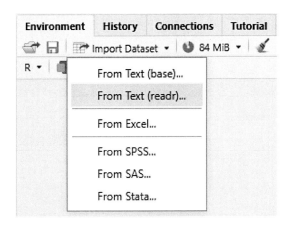

나타나는 창에서 Browse... 누르고 압축된 파일을 선택한다.

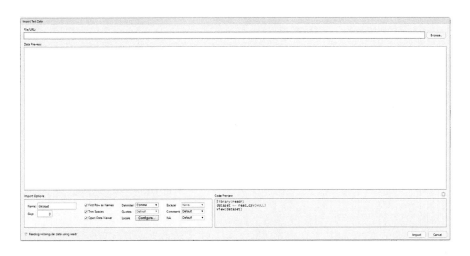

파일이 정리되어 나오면, 오른쪽 아래 Import 누른다.

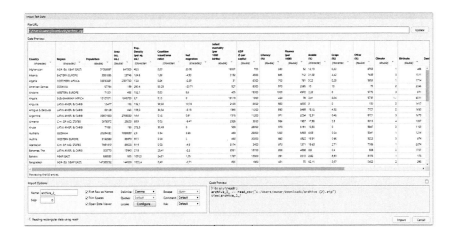

이제 파일관리창으로 가서 Rcmdr 옆에 있는 네모를 누른다. 그림과 같이 체크 표시가 생긴다.

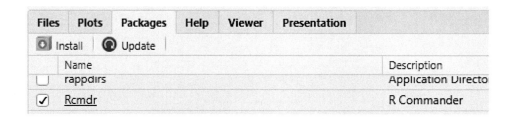

이제 R Commander 패키지가 열린다. 앞서도 얘기했지만, 데이터셋을 열어주어야 한다. 현재는 빨간 글씨로 **활성 데이터셋 없음** 이라고 나와 있다.

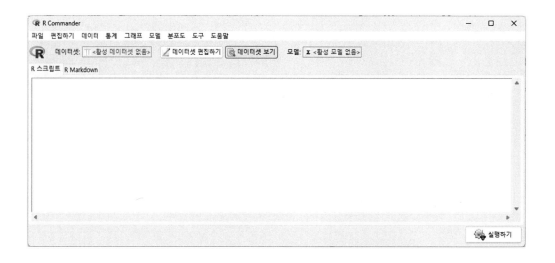

**데이터 활성 데이터셋 활성 데이터셋 선택하기...** 순으로 간다.

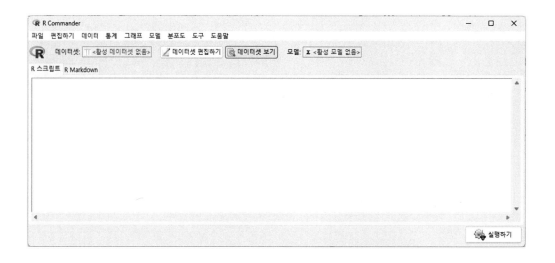

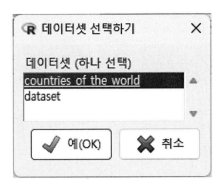

빨간 글씨 **활성 데이터셋 없음** 부분이, 이제는 파일이름인 countries_of_the_world 이다.

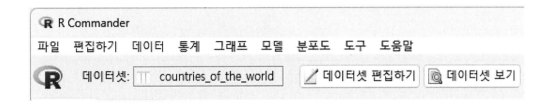

**데이터셋 보기** 선택해야만, 이렇게 보인다.

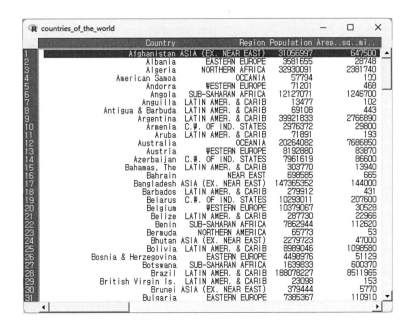

그래프  산점도... 이다.

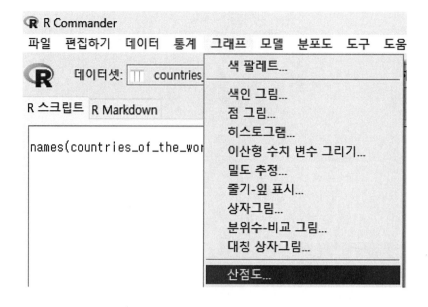

흩어진 점 그림을 그릴 때는, x축 y축 선택을 잘 해야 한다. 이런 때는 늘 인과관계이다. 원인이 가로, 결과가 세로이다.

돈이 많아지면 비극이 줄어든다고 생각해, 일인당 국내총생산 그리고 영아사망률 이렇게 한다.

x-변수(하나 선택) 밑에 GDP...per.capita, y-변수(하나 선택) 아래에는 infant.mortality...per.thousand.births 이다.

산점도가 나온다. 해석은 각자가 알아서 하면 된다. 저자 버전은 이렇다. 전반적으로는 돈이 많아지면 비극이 준다. 하지만 돈이 꽤나 있는대도 비극이 생각보다 많은 몇몇 나라가 있다. 왜 이럴까?

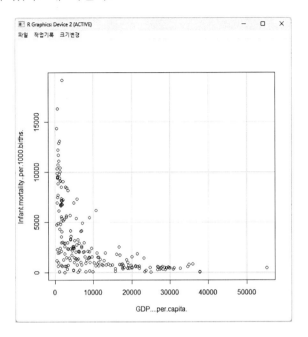

이러면 십자가 모양의 과녁이 생겨서, 의외의 점을 찍어볼 수 있다. 190이라는 숫자가 국가번호인 것 같아서, 원자료를 찾아본다.

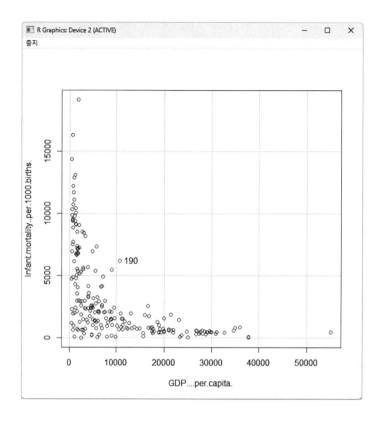

한데 무언가 자료가 잘못되었다는 것을 인식하였다. y축 숫자가 너무 높은 것이다.

홈페이지 원자료를 확인해보니, 아마도 소수점 대신에 콤마가 사용되어서 다운로드 과정에 문제가 생긴 것 같다. 일단 저자가 하나하나 수정해서 다시 입력한다.

독자는 따라하지 않기 바란다. R Commander 편집기능은 아직 불편하다. 조금 있다가 다른 방법을 저자가 제시한다.

하여튼 데이터를 고쳐서 새로 나온 결과이다. y축 숫자가 정상적이다. 그리고 아까처럼 해서 일인당 국내총생산 만불과 이만불 언저리에서 각각 다른 나라들보다 훨씬 숫자가 높게 나오는 나라를 찍어보았다.

정리해보면 다음과 같다.

| 190 | South Africa | 61.81 | $10,700 |
| 27 | Botswana | 54.58 | $9,000 |
| 81 | Greenland | 15.82 | $20,000 |
| 167 | Qatar | 18.61 | $21,500 |
| 213 | United Arab Emirates | 14.51 | $23,200 |

저소득 국가 중 y축 숫자가 낮은 사례도 살펴보면 흥미로울 것이다.

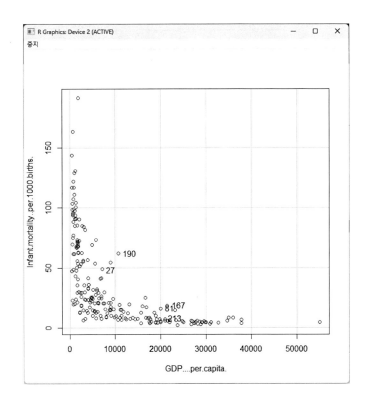

이제 그러면 다른 수정 방식을 제시한다. 파일을 한셀 프로그램에서 연다. 엑셀이 깔여있지 않아서, 이 아래아한글 엑셀판을 쓴다.

맨 왼쪽의 infant mortality 열은 무엇이 잘못되었는지 보여준다. 마침표 . 자리에 쉼표 , 가 있다.

오른쪽에서처럼 **편집  찾기  찾아바꾸기(A)...**  선택한다.

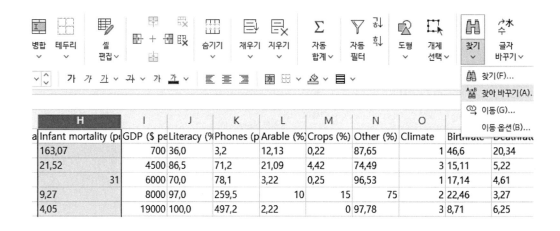

| H | I | J | K | L | M | N | O | |
|---|---|---|---|---|---|---|---|---|
| Infant mortality (pe | GDP ($ pe | Literacy (% | Phones (p | Arable (%) | Crops (%) | Other (%) | Climate | Birthrate | Deathrate |
| 163,07 | 700 | 36,0 | 3,2 | 12,13 | 0,22 | 87,65 | 1 | 46,6 | 20,34 |
| 21,52 | 4500 | 86,5 | 71,2 | 21,09 | 4,42 | 74,49 | 3 | 15,11 | 5,22 |
| 31 | 6000 | 70,0 | 78,1 | 3,22 | 0,25 | 96,53 | 1 | 17,14 | 4,61 |
| 9,27 | 8000 | 97,0 | 259,5 | 10 | 15 | 75 | 2 | 22,46 | 3,27 |
| 4,05 | 19000 | 100,0 | 497,2 | 2,22 | 0 | 97,78 | 3 | 8,71 | 6,25 |

찾을 내용 바꿀내용 각각 쉼표 마침표로 설정한다. **모두 바꾸기** 누른다.

이제 정상적으로 고쳐진 모습이다.

| H |
|---|
| Infant mortality (per 1000 births) |
| 163.07 |
| 21.52 |
| 31 |
| 9.27 |
| 4.05 |
| 191.19 |

엑셀파일로 저장하고 또 헷갈리지 않게 이름도 바꾼다.

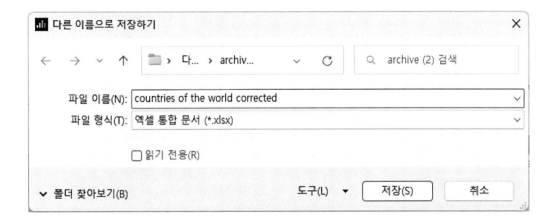

R Commander 연다. **데이터 데이터 불러오기 Excel 파일에서...** 순으로 한다.

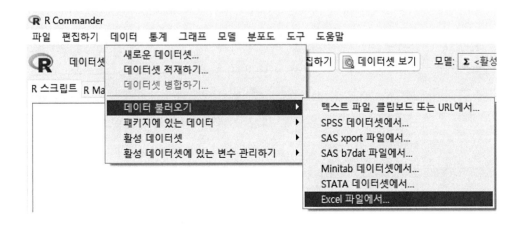

이후로 컴퓨터 시키는대로 진행한다. **데이터 편집기** 눌러서 나온 창이다.

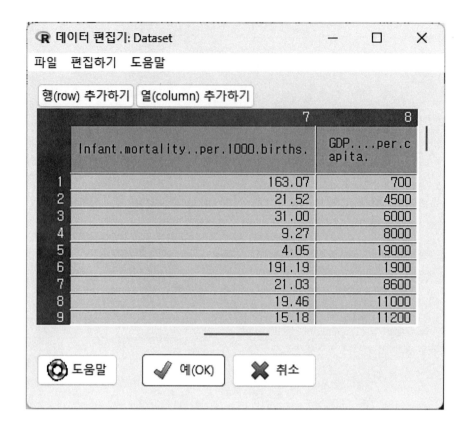

102 **우리는 기후변화 가해자 혹은 피해자 data.go.kr 가정용 전기 사용**

원래의 데이터를 꼭 내가 직접 처음부터 다 다루어서 결과를 내어야 한다고
생각할 필요없다. 빅데이터 가공해서 이해하기 좋게 제시해주면, 잘 쓰면 된다.

공공데이터포털 data.go.kr 경우가 하나의 예이다. 회원가입하고 활용하면 된
다. '가구 전력사용량'으로 검색할 때 제일 위쪽에 나오는 '한국전력공사_가구평균
전력사용량'을 선택한다.

그냥 찾아간다면 다음 순서가 된다.

https://bigdata.kepco.co.kr/
   데이터 공개
   전력 데이터
   판매통계
   판매전력량

나오는 페이지 계약종별 그래프에서, 그래프 옆 선택을 바꾼다. **개별그래프** 선택한 결과이다.

누적보다 종류별 증가량을 보기가 쉬워진다. 시간에 따른 변화는 이런 식으로 선그래프로 표현하는 것이 가장 좋다.

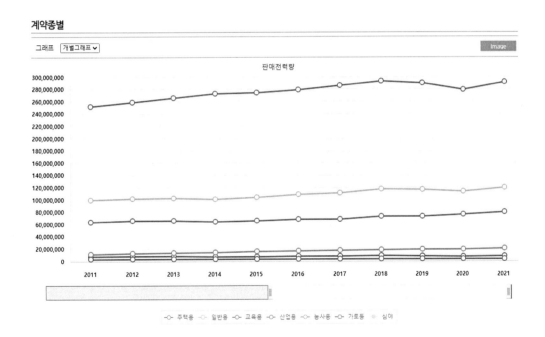

이 페이지 아래쪽에는 월별 통계를 다운로드 받을 수 있는데, 사실 이 그래프로 현재로서는 충분하다.

우리가 기후변화 가해자인지 피해자인지 문제제기를 할 수는 있다. 보통 우리가 사용하는 가정용 전기사용이 기후변화의 한 원인이다. 또한 기후변화로 인한 여름철 기온상승이 이러한 에너지 사용 증가분 일부를 설명하기도 한다.

## 103 남녀차별 SNS 연관어 썸트렌드

이 책에서도 문자 데이터 처리의 기본을 다루고 있다. 이런 분석 방법을 배우고 분석도구를 다운받은 다음에도, 문제는 보통 계속된다.

빅데이터 접근자체가 쉽지 않다. 스스로 여기저기 자료를 모으러 다니는 것은 시간적 제약이 있을뿐더러 불완전하다.

이런 경우에 생각해볼 수 있는 대안은 기존 서비스를 이용하는 것이다. 썸 트렌드 주소와 홈페이지에 나와 있는 자료 출처이다.

https://some.co.kr/

어떤 SNS 데이터를 수집·분석하나요?

썸트렌드에서는 유튜브, 인스타그램, 커뮤니티, 트위터, 블로그, 뉴스 SNS 채널을 제공하고 있습니다. 플랜을 구매하시면 트위터의 경우 리트윗을 함께 볼 수도, 제외하여 볼 수도 있으며 커뮤니티는 약 7,000개의 유명 커뮤니티 게시판을 수집하고 있습니다.

간단하게 하나의 단어를 가지고 연관어 검색하는 것은 무료로도 가능하다. 남녀차별 입력하고, 입력어와 직접적으로 중복되는 단어는 편집기능으로 없앤 결과이다.

2022년 11월 16일부터 2022년 12월 15일까지 기간 동안의, 블로그 뉴스 트위터(리트윗 제외) 분석결과이다.

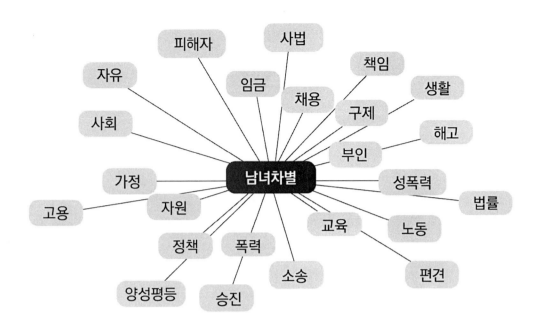

머신러닝machine learning 기초 그리고 조건부 확률

이 책의 내용은 머신러닝machine learning 기초를 이룬다. 구글 검색에서 machine learning 다음에 이 책에서 다룬 내용을 같이 검색해보자!

'r programming machine learning' 'probability machine learning' 'statistics machine learning' 식이다. 이 책에서 한 공부의 다음 순서가 머신러 닝machine learning 이다.

'prerequisites for machine learning'이라고 입력해보면 더 명확하게 알 수 있다. '머신러닝을 공부하기 이전에 알아야 할 것' 정도의 의미이다.

그러면 머신러닝은 어떤 것인가? 다음 책 33쪽에서는 머신러닝 작동의 좋은 예로 아마존Amozon 상품추천을 들고 있다.

Warden, Pete. 2011. *Big Data Glossary: A Guide to the New Generation of Data Tools* Sebastopo, CA:O' Reilly.

머신러닝 분석도구 세 가지도 얘기하고 있다. 한번씩 사이트에 들어가보자! 그냥 들어가보는 것도 생각보다 큰 공부이다.

WEKA        http://www.cs.waikato.ac.nz/ml/weka

Mahout        http://mahout.apache.org

scikits.learn      https://scikit-learn.org/stable/

머신러닝 기초 중 하나인 조건부 확률을 다루지 않은 것 같아, 기본 개념만 설명한다. 기본 원리를 천천히 재미붙여 이해하는 것은 중요하다. 예를 들어, 행렬 곱셈을 설명할 때 개별숫자가 아니라 행과 열의 곱이라고 했다. 그렇게 이해하고 나면, 행렬 계산의 다른 원리도 쉽게 이해된다.

조건부 확률conditional probability 경우에는, 일단 이해를 하고 좀 더 정확하게 더 이해를 하는 방향으로 설명한다.

일단 잠정적 이해를 위해, 시간 순서 개념으로 먼저 이야기한다. 조건부 확률은 어떤 일이 일어난 다음의 확률을 구할 수 있다. 그러니까 조건부이다.

막대기 기준으로 중요한 것이 왼쪽에 먼저 나온다. '다음'에 일어나는 확률이다. 막대기 기준 오른쪽에 나오는 것이 '먼저' 일어난 사건이다.

$$P(\text{다음} \mid \text{먼저}) = \frac{P(\text{다음} \cap \text{먼저})}{P(\text{다음})}$$

다른 교재에서의 P(A | B) 같은 전형적 수식도, 이런 식으로 이해하면 쉽다. B 사건이 먼저 일어났구나! 다음에 일어나는 사건이 A 이구나! B 사건이 이미 일어났을 때 A 사건이 일어날 확률이, 조건부 확률이구나!

사실 영어 표현은 훨씬 이해가 쉽다. 영어 표현에서 두 가지를 보자. 첫째, 언제나 현재진행형으로 제시된다. 현재진행형은 사실 현재이다. 과거 일이 현재로 이어지는 느낌이다. 먼저 일어난 일이 다음 일어나는 중요한 현재 사건에 영향을 미치는 것이다.

둘째, 어떤 교재는 already[ɔːlrédi] 라는 표현을 명시적으로 쓴다. 현재진행형으로 부족해서 '벌써' '이미' 라는 말을 추가적으로 쓰는 것이다.

그래서 영어로는 다음과 같다.

$$P(A \mid B) = P(A \ given \ B \ has \ already \ occurred)$$

이제 그림으로 이해해보자. 먼저 사건과 다음 사건이 겹치는 부분이 P(다음∩먼저)라는 부분으로 표시되어 있다.

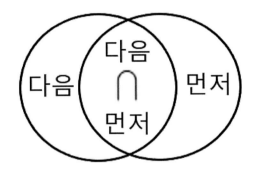

먼저 사건이 역시 먼저 일어난다. 세로 줄 부분이다.

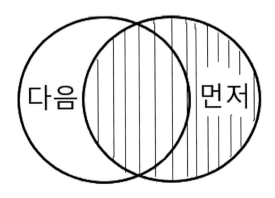

그 다음에 다음 사건이 일어난다. 여기서 중요한 점은 다음 사건은 먼저 사건이 일어난 공간 안에서만 일어날 수 있다는 것이다.

시간 개념으로 이해하면 된다. 오늘은 어제의 영향 안에서만 일어난다! 어제 일어나지 않은 일이 진행되는 공간에서, 오늘의 일이 진행되지는 않는다.

그래서 이런 경우 두 사건은 종속적dependent 이다. 영어로 이해하면 오히려 쉽다. de(밑 down) + pendent(매달리다 hang) = dependent 어원을 이해하면 먼저 일어난 사건의 영향을 받는 것이 종속적이라는 것을 알 수 있다.

하나의 사건에 다른 사건이 영향을 받지 않으면 독립적independent 이다. 주사위를 첫 번째로 던져서 1이 나오는 사건과 주사위를 두 번째 던져서 짝수가 나오는 사건, 이 두 사건은 하나가 다른 밑에 매달려 있지 않다. 종속적이지 않고, 독립적이다.

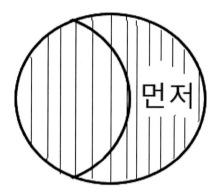

다음의 이 그림이 중요하다! 먼저의 공간안에서 다음의 공간이 생겨나서 겹쳐진다.

어제는 먼저 어쩌고 하는 일이 일어나고, 오늘은 다음으로 저쩌고 하는 일이 생기는 것이다.

대부분 교재에서 제시하는 그림은 다음과 같다. 이런 그림을 보여주니까, 시간 흐름을 놓쳐서 헷갈리는 것이다.

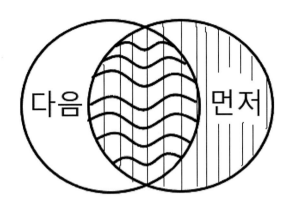

이제는 숫자로 이해해보자. 이 책 69-70쪽 내용을 그대로 인용한다.

Ross, Sheldon. 2014.『확률의 입문』강석봉 역. 자유아카데미.

**"표본공간에 속하는 다른 30개 결과의 (조건부) 확률은 0이다"**라는 부분에 주목하자!

이게 저자의 그림에서는, 왼쪽 부분이 사라지는 이유이다. 왼쪽의 어떠한 표시 도 되어 있지 않은 부분이 사라지는 이유이다.

2개의 주사위를 던져 가능한 36가지 결과들 각각 발생할 가능성이 동일하다고 가정하면, 각 결과가 일어날 확률은 1/36 이다. 첫 번째 주사위가 3이 나왔다고 가정하자.

그러면 이 정보가 주어졌을 때, 두 주사위 눈금의 합이 8일 확률은 얼마인가?

첫 번째 주사위가 3이 나왔다고 하면, 이 실험의 가능한 결과는 여섯가지이다. (3,1) (3,2) (3,3) (3,4) (3,5) (3,6) 이다. 이 결과는 원래 각각 발생할 확률이 같기 때문에, 여전히 동일한 확률을 가진다. 각각의 (조건부) 확률은 1/6이다.

반면, **표본공간에 속하는 다른 30개 결과의 (조건부) 확률은 0이다.** 그러므로 구하는 확률은 1/6이다.

이번에는 위키피디아 '조건부 확률conditional probability'[7] 내용을 가져와 본다.

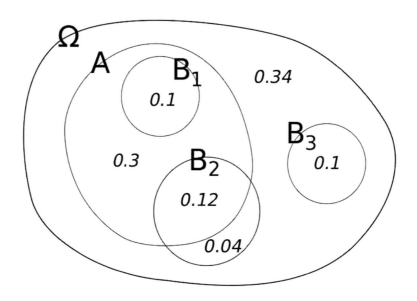

그림에서 조건이 달려 있지 않는 A 확률은 다음과 같다.

P(A) = 0.30 + 0.10 + 0.12 = 0.52

한데 조건부 확률은 다르다. 사건 세 개 $B_1 B_2 B_3$ 각각이 먼저 일어났다는 조건이 주어진 경우의 확률은 다르게 나온다.

---

7) https://commons.wikimedia.org/wiki/File:Conditional_probability.svg

P(A | B1) = 1

P(A | B2) = 0.12 ÷ (0.12 + 0.04) = 0.75

P(A | B3) = 0

이번에는 표로 이해해보자. 다음 책 91-92쪽 내용이다.

임태진. 2016. 『R - 확률통계』 생능출판.

마찬가지로 표와 연결시켜보자! **"이 경우의 고려 대상은 남학생뿐이므로 표본 공간은 100명에서 55명으로 줄어들고"** 라는 부분을 주의하자! 이 부분으로 인해서, 왼쪽 부분이 없어진 다음 그림이 나온다.

문 - 이과 교차지원을 허용하는 어떤 학과의 신입생은 정원이 100명으로 표와 같은 분포를 보인다고 가정하자.

| 구분 | 남학생 M | 여학생 F | 소계 |
|------|---------|---------|------|
| 문과출신 A | 15 | 25 | 40 |
| 이과출신 B | 40 | 20 | 60 |
| 소계 | 55 | 45 | 100 |

임의로 한 학생을 선택했을 때, 각 확률은 다음과 같다. P 의미는 probability[prὰbəbíləti] 확률이다. 어떤 책은 Pr 이라 하기도 한다.

남학생일 확률 $P(M)=0.55$

여학생일 확률 $P(F)=0.45$

문과출신일 확률 $P(A)=0.40$

이과출신일 확률 $P(B)=0.60$

좀 더 세분할 때 확률은 다음과 같다.

문과출신 남학생일 확률 $P(A \cap M)=0.15$

이과출신 남학생일 확률 $P(B \cap M)=0.40$

문과출신 여학생일 확률 $P(A \cap F)=0.25$

이과출신 여학생일 확률 $P(B \cap F)=0.20$

그렇다면 임의로 선택된 학생이 남학생일 때, 그 남학생이 문과출신일 확률은 과연 P(A)=0.40와 같을 건인가?

**이 경우의 고려 대상은 남학생뿐이므로 표본공간은 100명에서 55명으로 줄어들고,** 그중에 15명이 문과출신으로서 다음과 같다.

$$P(A \mid M)= \frac{15}{55} \approx 0.2727$$

이 결과를 구하는데 우리는 머릿속으로 다음과 같이 계산한다.

$$P(A \mid M)= \frac{(A \cap M)원소의\ 개수}{M원소의\ 개수}$$

여기서 분모와 분자를 '표본공간 원소의 개수'로 나누면 확률로 바뀌게 되므로, 결국 다음과 동일한 결과가 나온다.

$$P(A \mid M)= \frac{P(A \cap M)}{P(M)}$$

이제 감이 잡혔을 것이다! 이해가 되었으니, 정확한 개념으로 넘어간다.

사실 조건부 확률은 시간 차이가 있는 사건일 수도 있지만, 또 동시에 일어나는 사건일 수도 있다.

정확하게 수정하자면, '어떤 사건이 일어났다는 것을 인지할 때'라는 조건이다. 영어로 하자면 '알고 있는데 knowing' 이라는 표현이 추가되어야 한다.

*P(A | B) = P(A given that knowing B has already occurred)*

그림도 달라져야 한다. '먼저' 대신 '발생 인지한 사건' 이라고 바꾼다.

사실은 앞서 언급한 두 개의 주사위 건도 사실은 동시에 일어난 사건이다. 그리고 그렇게 이미 다른 사건이 일어난 것을 인지하고 있는 사건이다. 원문에서 '**이 정보가 주어졌을 때**' 라는 표현이 나오는 것을 주목하자!

2개의 주사위를 던져 가능한 36가지 결과들 각각 발생할 가능성이 동일하다고 가정하면, 각 결과가 일어날 확률은 1/36 이다. 첫 번째 주사위가 3이 나왔다고 가정하자. 그러면 **이 정보가 주어졌을 때** 두 주사위 눈금의 합이 8일 확률은 얼마인가?

이번에는 공식을 활용한 계산 이야기를 해보자! 이 경우도 동시에 일어나는 두 사건이다.
다음 책 311-312쪽 내용이다.

Davies, Tilman M. 2016. *The Book of R: A First Course in Programming and Statistics* San Francisco: No Starch Press.

주사위를 하나 던질 경우이다.

4 이상이 나온다가 사건 A 이다.

짝수 나온다가 사건 B 이다.

각각의 확률은 1/2 이다.

$$P(A) = \frac{1}{2}$$

$$P(B) = \frac{1}{2}$$

주사위를 한번 던지고, 그리고 짝수가 나오는 사건과 4 이상 숫자가 나오는 사건이다. 동시에 일어나는 사건이다.

A와 B가 동시에 일어나는 확률 $P(A \cap B)$를 구한다. 책 표현 그대로 전하자면, 짝수가 나오고 또 동시에 이게 4 이상일 확률이다.

여기까지가 책 내용 그대로의 인용이고, 책의 전개와 다르게 저자가 경우의 수를 가지고 답을 먼저 제시한다.

경우의 수를 보여주도록 한다. 주사위를 한번 던지면서, 동시에 일어난 사건 전체 1 2 3 4 5 6 중에서 4 6 이라서 1/3 이다.

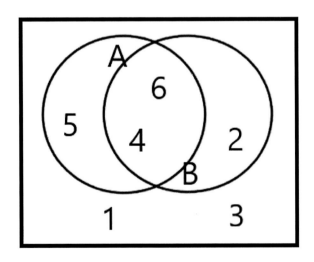

저자가 하나 설명하자면, P(A∩B)에 해당하는 부분은, 동시에 일어난 경우이지만 꼭 동시에 일어나지 않아도 된다. A B 사건 둘 다 일어난 경우이다.

이제 Davies 책으로 돌아간다. 책에서는 다음의 두 확률을 활용한다.

$$P(A \mid B) = \frac{2}{3}$$

$$P(B) = \frac{1}{2}$$

책에서는 다음과 같은 공식도 제시한다.

$$P(A \cap B) = \frac{2}{3} \times \frac{1}{2} = \frac{1}{3}$$

R로도 계산해본다.

```
> (2/3) * (1/2)
[1] 0.3333333
```

책 311쪽에 나와 있는 그대로의 공식도 옮겨본다. 다른 방식 계산도 가능하다는 의미이다.

$$P(A \cap B) = P(A \mid B) \times P(B) = P(B \mid A) \times P(A)$$

사건 A B 둘은 상호배타적mutually exclusive 이지 않다. P(A∩B)≠0이기 때문이다.

이게 말이 되는 것이다. 주사위를 굴렸을 때 짝수이고 또 동시에 4 이상인 경우가 있기 때문이다.

여기까지가 인용이고, 이제부터 저자가 설명해본다. 사건 둘이 상호배타적이면 그림은 어떻게 될까? 다음과 같이, 두 원이 서로 겹치는 부분이 없어진다. P(A∩B)=0 이라는 식이 성립한다.

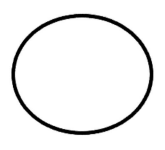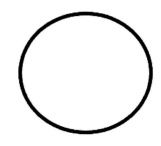

이제 마지막으로 독립성과 상호배타성이라는 두 가지 개념이 완전히 다른 것이라는 것을 얘기해둔다. 길게 설명하면 오히려 더 헷갈릴 것 같아, 위키피디아 내용8)을 그냥 옮긴다. 각자 생각해보자!

|  | If statistically independent | If mutually exclusive |
| --- | --- | --- |
| $P(A \mid B)$ | $P(A)$ | 0 |
| $P(B \mid A)$ | $P(B)$ | 0 |
| $P(A \cap B)$ | $P(A)P(B)$ | 0 |

## 105    지금부터 조금씩 나아갈 방향

머신러닝이라고 하면 부담스럽게 느껴질 수 있다. 일단 조금씩 통계와 R 코딩에 재미붙이면 된다.

충분한 시간을 잡고, 아주 조금씩 나아가자! 시간 두고 조금씩 해나가면, 누구에게나 가벼운 취미 정도는 된다. 재미가 붙으면, 그 순간 수준이 한 단계 오른다.

기초부터 시작해 천천히 나아가자. 수학은 도저히 안 된다는 이를 위해서, 수학을 친절하게 얘기해주는 두 친구를 소개한다. 옆에 두고 친하게 지내자.

    Mathway      https://www.mathway.com/ko/BasicMath

    울프럼 알파      https://www.wolframalpha.com/

---

8) https://en.wikipedia.org/wiki/Conditional_probability

다음 책 183쪽에서는 자신만의 전문분야를 선정하라고 조언한다. 177쪽에서는 케글Kaggle 경연대회 통해 경험을 쌓으라는 얘기도 한다.

서대호. 2020. 『1년 안에 AI 빅데이터 전문가가 되는 법』 반니.

고수영 기자가 2014년 6월 2일 IT DAILY 올린 기사도 한번 읽어보기 바란다. KoNLP 만든 전희원 SK텔레콤 메니저 인터뷰 [데이터사이언티스트를 찾아서] 이다. 제목은 "개발자와 통계학자 영역 자유롭게 왕복해야" 이다.

한글 자연어 분석 패키지가 KoNLP 이다. 이 책에서 나온 글자 분리하고 찾아내고 하는 함수를 기초로 한다. 비슷한 일을 하는 영어 패키지는 tm 이다. tm 의미는 text mining 이다. 글자 채굴 정도로 보면 될까 싶다. 이런 패키지를 통해 문서의 주제어 빈도를 분석해내면, wordcloud2 같은 패키지로 단어 구름을 그린다.

마지막으로 영어 이야기이다. 코딩 하려면, 영어도 조금씩 하는 게 좋다. 새 친구 코딩 만났으니, 영어 친구와 화해하자! 이 책 서문 읽어보자!

# 찾아보기

## 국문

**(ㄱ)**

## 영문

rep    42

research hypothesis    136

residual    165

round    29

(S)

sample size    135

sampling frame    135

seq    12, 42

Shapiro—Wilk normality test    166

significance probability    137

sort    42, 236

source    77

sqrt    29

standard score    111

strsplit    230

subset    50

sum    38

(T)

t    111

test statistics    212

times    43

TRUE    19

trunc    29

type    86

type 1 error    137

(U)

unlist    234

(V)

vector    10

(W)

working directory    76

workspace    78

(Z)

z    111

# 기호

## 저자소개

### 김준우

미시간주립대 사회학-도시학 박사
싱가포르국립대 박사 후 과정
부산발전연구원 부연구위원
전남대 사회학과 교수

### 저 · 역서

『사회과학의 현대통계학』(김영채 공저), 박영사.

『즐거운 SPSS, 풀리는 통계학』, 박영사.

『국가와 도시』, 전남대학교출판부, 2008년 문화체육관광부 선정 우수학술도서.

『선집으로 읽는 한국의 도시와 지역』(안영진 공편), 박영사.

『공간이론과 한국도시의 현실』, 전남대학교 출판부.

『황금도시: 장소의 정치경제학』, 전남대학교 출판부.

John R. Logan & Harvey L. Molotch(2007), Urban Fortunes: The Political Economy of
        Place, The University of California.

『새로운 지역격차와 새로운 처방: 철근/콘크리트에서 지역발전유발 지식서비스로』(안영진 공저), 박영사.

『서울권의 등장과 나머지의 쇠퇴』, 전남대학교 출판부.

『미국이라는 공간: 부동산 투기 · 노예제 · 인종 차별 · 인디언 제거 · 뺏기는 삶의 터전』, 박영사.

『어원+어원=영단어』, 박영사.

『영어재미붙이기 어원과 동사』, 전남대학교 출판부.

『20세기 공간이론』, 전남대학교 출판부.

# 즐거운 R 코딩, 풀리는 R Commander 확률 통계

| | |
|---|---|
| 초판발행 | 2023년 3월 17일 |
| 지은이 | 김준우 |
| 펴낸이 | 안종만 · 안상준 |
| 편 집 | 탁종민 |
| 기획/마케팅 | 박부하 |
| 표지디자인 | BEN STORY |
| 제 작 | 고철민 · 조영환 |
| 펴낸곳 | (주)박영사 |
| | 서울특별시 금천구 가산디지털2로 53, 210호(가산동, 한라시그마밸리) |
| | 등록 1959. 3. 11. 제300-1959-1호(倫) |
| 전 화 | 02)733-6771 |
| f a x | 02)736-4818 |
| e-mail | pys@pybook.co.kr |
| homepage | www.pybook.co.kr |
| ISBN | 979-11-303-1724-3   93310 |

copyright©김준우, 2023, Printed in Korea

정 가    23,000원